終わらない水俣病

すべての被害者の救済を目指して

北岡秀郎／水俣病不知火患者会

花伝社

終わらない水俣病──すべての被害者の救済を目指して◆目次

すべての被害者の救済を目指して

はじめに

水俣病が公式に確認（一九五六年五月一日）されてから七〇年に迫ろうとしている。だがいまだに解決していない。ここでいう解決とは患者の救済という意味だ。もちろん広い意味の「解決」には、患者救済以外に地域の再生等多くの課題があろう。しかし最も急がれるべき患者救済について、ここでは「解決」としておく。

それというのも加害企業チッソが排水を流し続けた不知火海の沿岸では、今だに多くの住民が体調不良を訴え、そのうちの多数が水俣病様の症状を持っている。これはすでに確認された事実だ。その確認は被害者側が主張するだけでなく、加害者側すなわちチッソや国の側を含めた確認であり、あるいは法律にのっとった確認である。しかし、救済された患者はまだ限られている。

その最大の原因は、加害者側は被害をできるだけ小さく見せようとして、沿岸住民全員を対象とする健康調査が一度も行われていないことにある。公式確認から七〇年近く経過しようとしているのに国は、沿岸住民全員の健康調査から逃げ続けている。この健康調査を実施しないことには解決がないことを国も否定できないでいる。だから実施を逃げる理由として「長期間経過した現在の被害の調査方法の開発を続けている」と称して何年もの時間稼ぎをせざるを得ない。実は「調査方法の開発」などは全く不要なのだ。通常の、医師が診察する神経学的診察方法において、よほど特殊な、例外的な疾病を除き診断可能である。このことは民間の医師集団による沿岸住民の数回にわたる千人規模の大量検診で多くの被害者が発見されてきた事実や、あるいは県民会議医師団による四地域（島）での住民悉皆調査結果の対照地区との比較の実施によって、少なくとも臨床的には実現可能なことが示されている。要するにやろうとすれば出来ることをやらないだけである。

本書は、これまで県民会議医師団の悉皆調査の報告書や水俣病被害者救済特別措置法などすでに結果が出て発表されている事実をもとに、すべての被害者が早期に救済されることを願って著するものである。

1章　原因究明期における問題点

チッソのミナマタ進出のいきさつ

水俣病を引き起こした加害企業はチッソである。そのチッソはどのように水俣に進出したのか若干見ておく。

チッソはもともと発電会社として、金鉱山が林立する鹿児島県大口（現伊佐市）に進出した。豊富な水力を求めて発電事業を起こすためである。金鉱山では漏水のくみ上げ、電気精錬のため多くの電力を必要としていた。曾木の滝に建設した水力発電所は多くの電力を生みだし、金鉱山だけではなく、新しい電気化学工業を起こすことを計画していた。

一方、当時の水俣は、工場進出を熱望していた。水俣の二大産業であった製塩業と運送業に危機が訪れていた。製塩業は、波静かで晴天の多い不知火海ではうってつけであった。ところが日清・日露戦争に多額の戦費を費やした政府は、煙草とともに製塩・塩販売を専売制にした。自由な塩の製造販売を禁止し、直接政府に利益を吸い上げた。そのため製塩に携わっていた数百人の製塩業者は失業に至った。運送業は、対岸の天草で採掘された上質の石炭（無煙炭）を水俣港に水揚げし、内陸の大口の金山に馬車輸送をしていた。金の精錬の為である。これがチッソの電気による電気精錬に取って代わった。この事で約四百台あったとされる馬車輸送が不要になった。これでも失業者が多く出た。

二大産業がともに壊滅した水俣にとって、チッソの計画する電気化学工場の誘致は至上命令である。そのためなりふり構ってはいられなかった。大口から不知火海岸まで直線距離では鹿児島県出水市米ノ津が一番近い。そこで水俣市（当時水俣村）では、米ノ津から水俣までの送電用電柱を寄付した。それだけではない。海岸の埋め立て地を準備し税金の長期免除を行った。上げ膳据え膳のうえチッソの工場誘致に成功した。村存亡の危機から脱したのである。この事はその後のチッソと行政の力関係に大きな禍根を残した。水俣市長は工場出身、議員の半数をチッソ関係者で占める時期もあった。いわゆる企業城下町が作り上げられていった。

これで、工場による被害が出たとしてもなかなか声が揚げられない実態があった。

この力関係は今も深く影を落としている。

水俣病発生直後の動向

一九五六年五月の水俣病の公式確認に続いて、地元の水俣市では医師会を中心に手持ちカルテの洗い出しを進め、同様症状を持つ患者をピックアップしていった。市内の医師のもとには不可思議な脳症状を呈する、これまで診たことのない患者が散見されていた。それらをもとに熊本大学医学部の研究班は原因究明を精力的に進めた。その結果一九五三年一二月に発症した五歳の女児の罹患を発見し、これを患者第一号と特定した。

　当然の手法として、多くの患者の中から合併症などを持たない「純粋な」患者を拾い出し調査を深めた。これは原因不明の疾病について原因究明するには最も当然で妥当な手法である。その結果、一九六三年二月、ついに原因物質として有機水銀にたどり着いた。

　合併症を含む多くの患者の中から「純粋な」水俣病患者を選び出し、その共通症状・病像をもって原因となる物質を規定していったものである。いわば水俣病の頂点をもって原因究明に成功したのである。

　通常であれば、次にその典型・共通症状を中心に、症状に強弱やばらつきがあったり、すべての症状が揃わなかったり、合併症を併発しているなどなど、「頂点」の患者から、不定形、軽症へとすそ野を広げて原因物資の影響・広がりを研究対象として病像の全体像を解明していく作業が行われる。これが当然の流れである。

　ところが国はこの作業の実施を許さなかった。研究班（厚生省食品衛生調査会水俣食中毒部会）が原因物質である有機水銀にたどり着き厚生省（当時）へ一九五九年一一月に答申した。研究班は当然、全体像を解明すべく準備を進めていた。ところが答申の翌日、厚生省（当時）は同研究班を解散させた。その理由は同業他社への波及を恐れたからだといわれている。この時期、全国の電気化学工業界は、高度経済成長にもとづく石油化学工業への政策転換を前に最後の増産を続けていた。ここで電気化学工業界の生産をストップさせることになれば日本の産業界は大きな打撃を受ける。政府が躍起になって進めている高度経済成長政策に究極の支障が出る。そんな理由から他社の水俣病患者が発見される

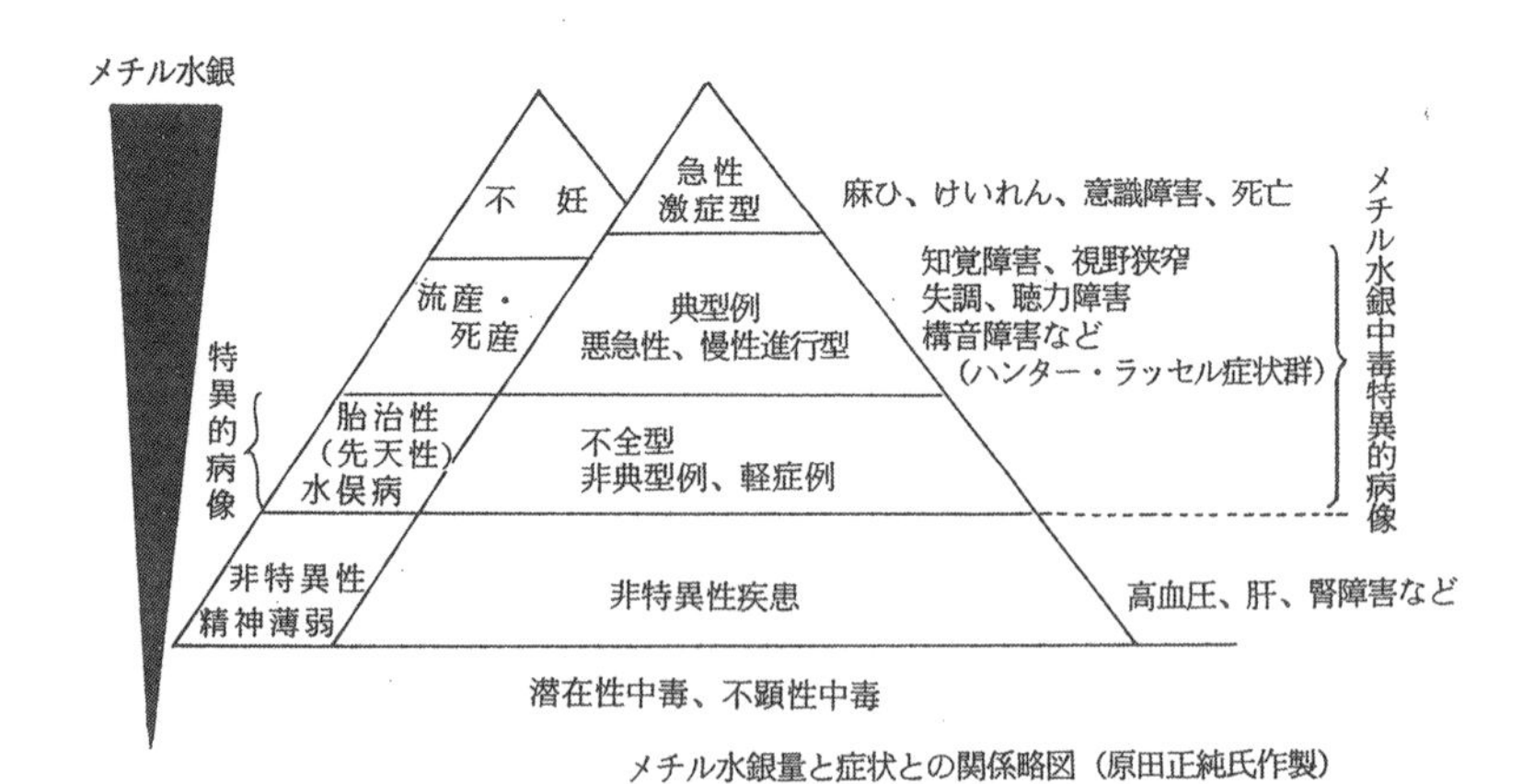

図１　メチル水銀量と症状との関係略図

前に、研究自体を政府がストップさせたものである。この時、研究班の責任者であった鰐淵熊本大学長の悔しさのこもった談話が報道されている。

原因究明にあたった医学界がこの圧力に屈してしまったのは資金の面などでやむを得なかったとはいえ残念なことである。もし、この通常為されるべき研究が進められていたら、最終的には沿岸住民の検診に行き着いたかも知れなかったと思うと、公式確認後七〇年近くまで未解決のまま放置されている被害者を思うとき、いたたまれない思いを禁じ得ない。

その後、沿岸住民の健康調査が行われても不充分なものであったり（一九七一～七三年熊本県など）、十分な公表がなされていなかったり（一九七〇年代水俣）という事実は、国の政策が当時から現在に至るも根本的には変化していないことを物語っているのかもしれない。

病像をめぐる論争

水俣病の病像をめぐって加害者側と被害者側の論争がい

まだに続いている。一九八五年の福岡高裁判決（水俣病第二次訴訟）や二〇〇四年一〇月の最高裁判所判決（水俣病関西訴訟）などで、すでに司法の場では「病像論争」に決着がついていると考えられていたのだが、最近、司法の場においても加害者側の巻き返しが一定の功を奏しているようにみえる。これは司法が、国が主張する医学界の一部に残る旧態依然の病像論を利用し、いわゆる学会権威者なる学者の論理を過重に評価した結果、患者に最も密着した民間医師団の地道な研究・診断の積み重ねを軽視してしまったからにほかならない。その意味で司法の責任も問われている。

司法のひずみの何よりの証拠は、学会権威なる学者が証言したり論文や意見書を著したりしている証拠の偏重に表れている。彼らは例外なく、水俣病の患者を診た経験をほとんど持たず、さらには患者発生地の不知火海沿岸に足を運んで診察した経験さえ持っていない。それにもかかわらず証拠採用され判決に影響を与えている。

これらの学識経験者は肩書の立派さに比べ、当然ながら患者たちの食生活を中心とした生活実態を知らない。具体的な症状発現の実態を知らない。従って、彼らの「水俣病をテーマとする医学」論文もあまり発表されていないが、発表されている物も例外なく患者の実態から出発していない。水俣病以外の知識で水俣病を論じている。つまり自ら理論上作り上げた病像に当該患者を当てはめ、当てはまらないものを非水俣病としているに過ぎない。つまり学会権威者なるものは空想上の水俣病像を作り上げている。その多くは先に指摘した「純粋な」水俣病像をモデルとし、被害者側の多くの司法等における闘いで若干の緩和をなしただけの行政通知を、金科玉条に死守している加害者側の論理に引きずり込まれてしまっている。その結果、裁判所の中でさえ実態から程遠い病像が作り上げられてしまった。最近の水俣病関係の判決や証言から、そう読み取れる。

そして、いわゆるハンター・ラッセル症候群と言われる典型的な水俣病像がある。手足の遠位部優位感覚障害、運動失調、構音障害、中枢性難聴、視野狭窄などである。これらの症状の特定は、水俣病の発見から症状の特定の時期、原因究明の時期においては重要で大きな役割を果たした。これが見出されたことからチッソ工場の有機水銀という原因物質の特定にたどり着いたのである。ここにたどり着くまでの熊本大学を中心とした研究陣の奮闘は高く評価されている。加害者側が意図的に流したアミン原因説、爆薬説等の謀略説をはねのけ、工場の廃水採取にも妨害を受けながら研究を中断させなかった研究陣の努力は驚嘆に値する。我々もこれらの症候群については水俣病の典型的な症状として尊重している。

しかし時期が経った今、その持つ意味が違って捉えられることがある。それはこれらの症状がなければ水俣病ではない、という逆転した主張である。この間水俣病関係の諸訴訟において、被告側証人として証言台に立った多くの専門家証人、ほとんどは神経内科専門医であるが、やはり例外なく、水俣病の臨床を経験していない。神経内科の専門医ではあっても水俣病の専門家ではない。本来であれば患者を「水俣病ではない」と判断した認定審査会の医師が証言台に立ち「これこれの理由で棄却した」と証言すべきなのである。それは一切ない。かつて水俣病の専門家として大きな足跡を残した原田正純氏が残した言葉がある。「定説とは、それまでに得た研究成果から導く仮説でしかない。しかし、仮説が一旦定説となって権威を持つと、時に新事実を切り捨てる道具に使われる。」「未知の事件

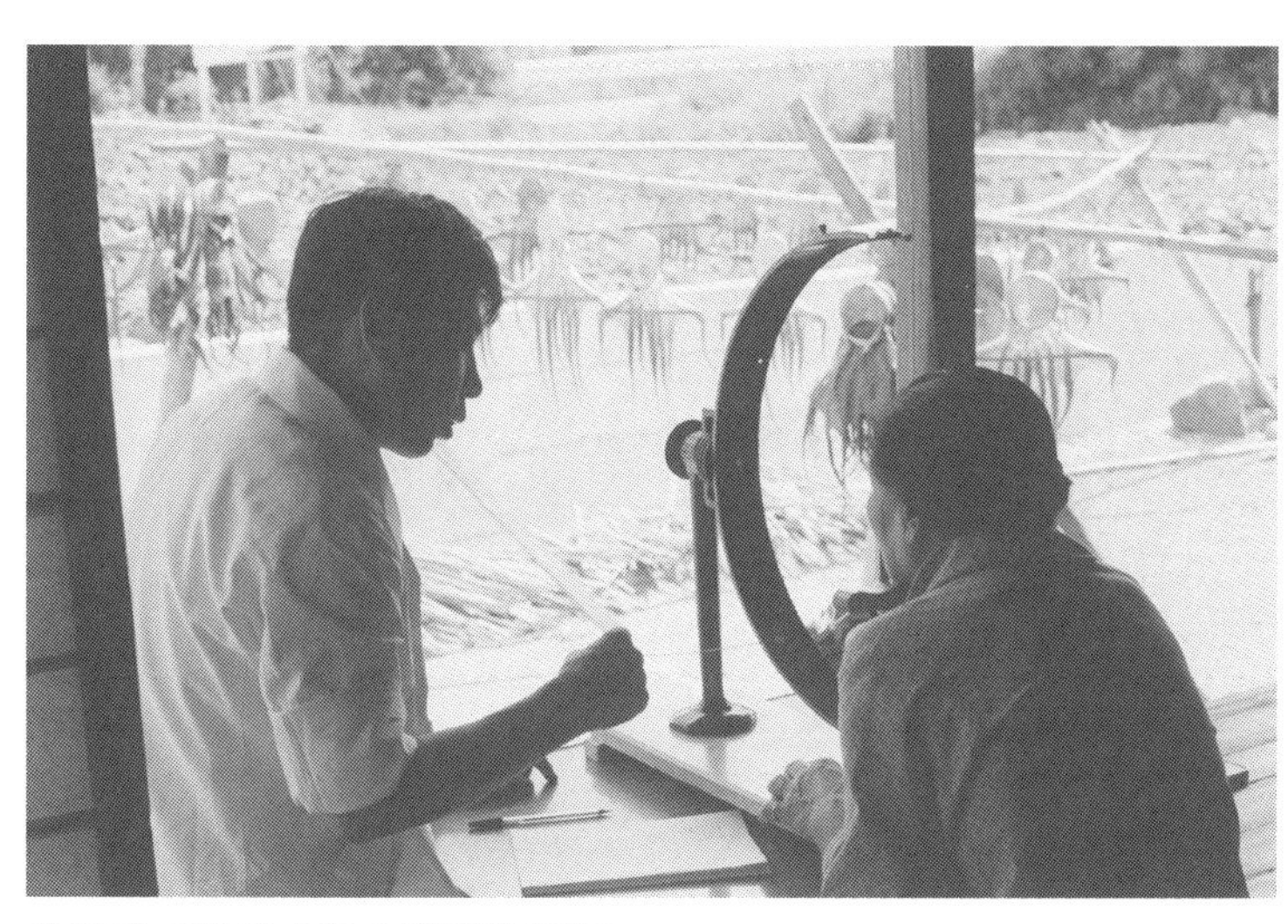

住民宅で検診を行う藤野糺医師

に教科書はない。患者や現場が教科書になるのだと、私は水俣に教えられた」、というものである。

　水俣病の前に水俣病はなかった。だとすれば今、目の前に居る患者、その患者が存在している環境に学ぶ真摯な態度が必要である。

　これを忘れた時、みずから意識しているかどうかは別として、加害者側の論理、被害を小さく見せる、多くの患者を切り捨ててしまう、という立場に客観的には陥ってしまっているのである。

公害病の診断

　はっきりさせておかなければならないのは、水俣病の原因は自然界のウイルスによるものでもなければ更年期障害でもないということだ。チッソという企業が通常の操業の中で有毒物を海に排出し、食物連鎖を通して発症した公害病である。つまり加害者があって、それによる被害者が水俣病患者ということである。

その場合、健康に一定の支障が見られたなら、まずは医療に繋ぐことが必要である。これが実は簡単ではない。不知火海沿岸は交通の便が極端に悪いところがほとんどである。さらに沿岸住民には現金収入の少ない職業が多い。その結果、少々のことでは医療機関に足を運ばない。私自身の経験でも「医者にかかるのは死亡診断書を書いてもらうとき」という人は少なくなかった。現在では大きく改善され、そのようなことはほとんどなくなったと思うが、交通の不便さは変わりなく、むしろ自ら運転しない人は公共交通の削減等によって、かえって不便さが増している。少々の体調不良では医療機関に行かないことが多い。それは水俣病の症状が出現している場合も例外ではない。

だからこそ県民会議医師団等は夜間・休日を割いて患者の自宅を訪問し診察を続けてきたのである。診療条件の悪い中、大型の機器も使用できないという制限の中でも水俣病の影響を探ってきた。加害者によってつくられた被害者を探し続けてきた。それを一万人以上続けた結果、四肢末梢感覚障害等の一定の症状があれば真っ先に水俣病を疑うことが正しいという結論になった。もちろん最終的にそれを主張したのは、桂島の悉皆調査と奄美群島・加計呂麻島住民の症状比較を成し遂げた後である。

被告側医師証人の実態を示す例を引こう。水俣病診断についてノーモア・ミナマタ第二次訴訟における被告側証人の濱田陸三医師は次のように証言している。

「水俣病であると診断するためには、原告が主張するような水俣病の要件と、そのほかに水俣病以外の疾患じゃないということを示す必要があります。」

もともと濱田証人は、被告側の証人・医師としては、かなり水俣病患者を多く診ている医師ではある。しかし同じ証言の中で、「水俣病であると診断を下した患者の人数は何人ですか」との問いに対し、「数人ぐらいだと思います」と答えている。そして「それはみんな認定されました」とも答えている。

その「認定」の条件がいくつもの司法判断によって、「判断条件」が実態に合っていない、狭すぎるとして退けられているはずである。同医師は、あくまで司法で否定されたはずの「判断条件」に当てはまる患者を「水俣病」と診断したに過ぎない。しかも数人だけ。それは「私の認識は、やっぱり昭和五二年の判断条件は妥当なものだと思いますし」「だいたい五二年判断条件に沿ったものに近いものが私の判断条件だったと思います」と答えていることからも裏付けられている。

同じく、同訴訟の証人として立った水澤英洋医師（国立研究開発法人国立精神・神経医療研究センター名誉理事長）は、原告側代理人の質問で、自らの水俣病関係の経験について次のように答えている。

代理人　証人は、水俣病についての研究や研究発表をされたことはありますか。
水澤証人　ないです。
代理人　証人は、水俣病が多発したと疑われる地域で医療に従事された経験はおありですか。
水澤証人　ないです。
代理人　証人は、これまで、水俣病の諸診断を下したことがありますか。
水澤証人　ありません。

代理人　証人は、これまで、行政認定を受けるなどして、水俣病と認められた患者を診察されたことはありますか。

水澤証人　ありません。

さらに水俣病と判断する基準についての質問には、

代理人　証人が言われたのは、いわゆる昭和五二年判断条件と言われているものでしょうか。

水澤証人　そうですね、その四つの特徴的症状といったのは、そういう事を念頭に置いています。

代理人　証人は、その基準の根拠となった研究やデータの検討はされていますか。

水澤証人　個別には検討はしていません。

さらに同じく被告側の証人である高昌星証人の場合もみてみよう。

代理人　証人は、水俣病の診断を下した患者さんはいらっしゃらないという事でよろしいでしょうか。

高証人　はい。

代理人　水俣病の患者さんを診られたこともないですか。

高証人　水俣病の患者さんは医師になってからはありませんが、医学生のころに、当時は公害ということは医学生が全部関心を持っておりましたので、私も医学生のときにゼミかなにかで水俣を訪れて、患者さんを診させていただいたことはありますが、医師になってからは、水俣病を診たことはございません。

代理人　そのときの患者さんはどのくらいの患者さんを診られたんですか。

高証人　たぶん私は一人だけだと思います。

代理人　証人が水俣病が多発したと疑われる地域で医療に従事された経験も、その一回だけですかね。医療というか、患者さんを診られたというのは一回だけですかね。

高証人　医学生だけなので、医師としては一度もございません。

代理人　証人が水俣病について研究されたことはありますか。

高証人　研究したことはございません。

これらの証人が、水俣病への関心も知識もなく原告らの水俣病罹患を否定するためだけに被告から駆り出されていたことを示すとともに、国・県側が幾度も司法判断で退けられた「判断条件」にいまだにしがみついている姿を我々は見ることになった。

そもそも「水俣病以外の疾病じゃないということを示す必要がある」のだろうか。もちろん治療等何らかの医療行為を為す場合にはあるいは必要となろう。治療・施療が適切でなかった場合、効果がなかったり、かえって逆効果となることがあり得るからである。現に、県民会議医師団の医師でも、患者が水俣病である場合であっても治療の現場では、当然、他の疾病を見きわめている。

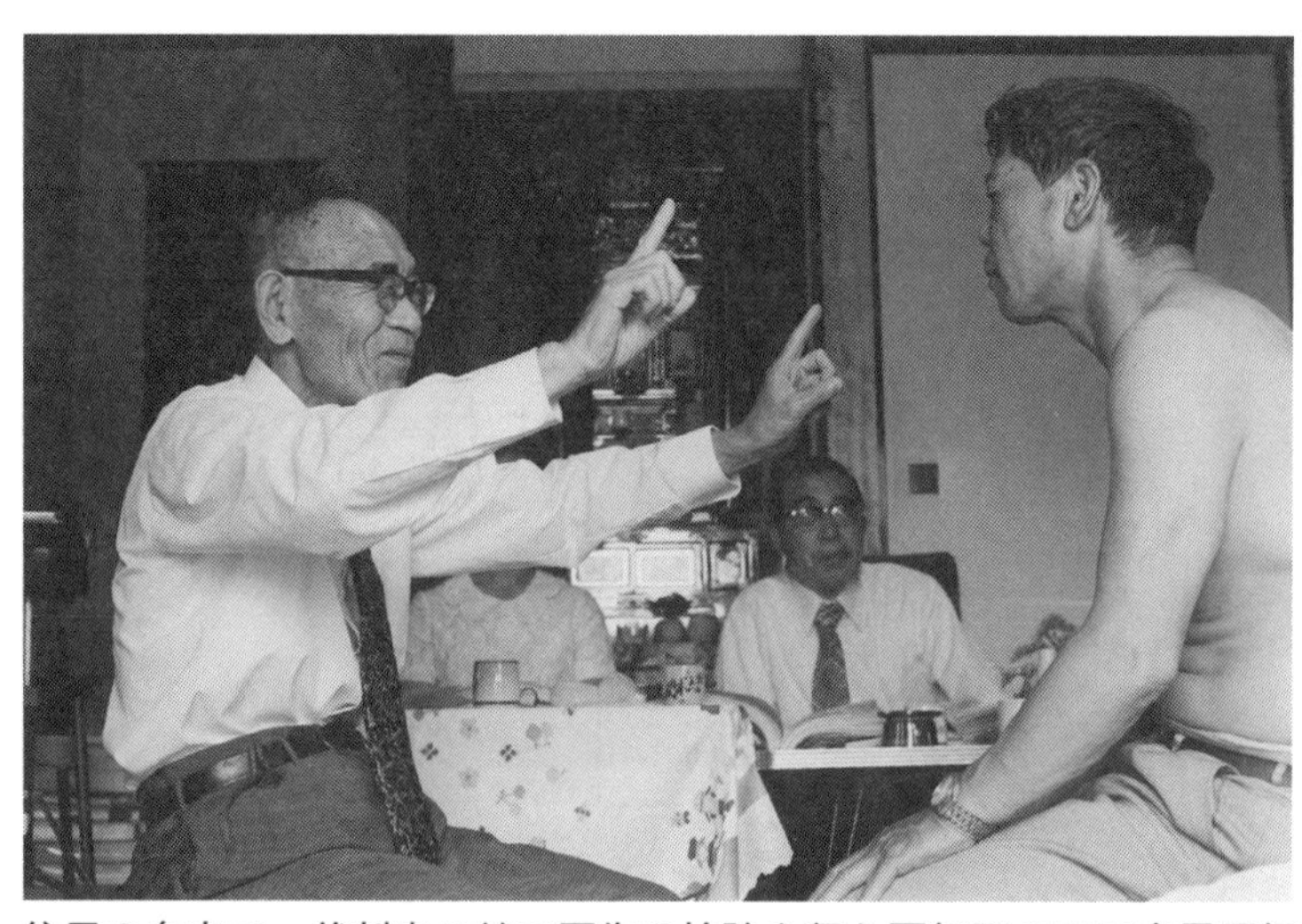

住民の自宅で、裁判官の前で原告の検診を行う医師団の平田宗男医師

ここで問題としているのは、加害の影響、すなわちメチル水銀等を中心とする汚悪水の影響の有無を見定めることが必要だということなのである。加害者側の医師は、症状を水俣病以外に原因を求める。水俣病の症状とすることが何か悪事をはたらくかのごとく恐れる。だから難聴は老人性、感覚障害は糖尿病、あるいは頸椎障害……で「説明」する。その「説明」によって水俣病の影響が完全に否定されたかのごとく論ずる。しかし本当にそうであろうか。確かに、歳をとれば耳は遠くなる。糖尿病がひどくなれば感覚障害を生ずる。頸椎症でも感覚に障害をもたらすことはある。だから水俣病の影響が排除されるものではない。

よく考えてほしい。逆に歳を取れば水俣病にならないのか。頸椎症や糖尿病があれば水俣病にかからないのか。高齢化社会で年寄りはどこも多い。頸椎症や糖尿病も決して少ない疾病ではない。これで「説明」できれば、水俣病ではない、と強弁するのであれば、極端に言えば水俣病など無くなってしまう。

誤解がないようにいうが、我々は、何でもかんでも水俣病と言っているのではない。汚染された不知火海の魚介類を多食し、非汚染地域とは異なる症状、特に四肢末梢優位の感覚障害等を有している患者の場合、水俣病の影響を否定できない、と主張している。

ただ加害、被害の関係で、社会的にいえば、非水俣病の患者を間違って補償対象者に加えることがあっても（現実にはあり得ないが）、水俣病の患者を救済しそこなうリスクを万が一にも冒すべきではないと強く思っている。

県民会議医師団の診断

県民会議医師団等の民間医師団による病像把握は、加害者側の医師とは全く逆の立場から出発した。つまり患者の生活の場に足を運び、生活や環境の実態を現地の生活の場で把握しながら患者の検診を繰り返し行い、診断を積み重ねていった。水俣病の前に、有機水銀の食物連鎖による水俣病は世界に存在していないのであるから、これら患者の実態から出発した病像把握こそが必要不可欠だったのである。原因究明後の活動になるが、当時のいわゆる「純粋水俣病像」が発表されてからも、それを参考にしながらも、患者自身の症状の実態を把握しながら診断を積み重ねていった。現在、その人数は一万人を大きく上回っている。患者の実態把握の最初の典型例が桂島（かつらじま　鹿児島県出水市荘）の悉皆調査である。それに至るまでも、有志・医師による地道な活動があった。

2章　悉皆調査に至るまで

我々も、初期の段階においては、難聴や感覚障害といったハンター・ラッセル症候群とよばれる症状を尊重してきた。何と言っても水俣病の典型的な症状には違いなかった。それにこの初期の時期までは、診断基準はかなり狭くとらえられてはいたものの、政治や行政の意向を受けず医学的な判断で診断がつけられていた。しかし後に、政治的・経済的理由を背景として病像が歪められ、きわめて厳格に水俣病の典型的症状を持つものに「認定患者」が絞られていったのである。

またさらに国や地方行政は、患者を探しだす努力は、ほとんどしてこなかったという事実は昔も今も変わらない。

一九六九年六月一四日、一一二人の患者によって水俣病訴訟が提訴された。この原告はすべて行政によって水俣病として認定されていたことから、水俣病の罹患の事実を争う必要はなかった。争点は、チッソに加害責任があるかどうか、被害がどこまで認められるかということであった。この訴訟は後に「第一次訴訟」とよばれ一九七三年三月三〇日に歴史的な勝訴となった。この判決とその後の交渉によって現在まで続く補償体系の柱がつくられた経緯がある。

掘り起こし検診

しかし我々は、この訴訟によって根本的な解決がなされるとは考えていなかった。それというのも、行政による「認定」はされていないものの、それと変わらない程度の症状を持つものが不知火海沿岸に多数いたからである。なぜ多数いたことがわかるかというと、裁判を進める一方で患者の掘り起こしを続けていたからである。第一次訴訟判決（七三年三月三〇日）の直前に、第二次訴訟が提訴（七三年一月）された。この第二次訴訟は、ほとんどが掘り起こされた患者である。「掘り起こし検診」とも呼ばれた検診はどのように行われたのか。本書においてはじめて明かすことにする。

それは大きく分けて三つの段階に分かれる。

第一段階は有志による掘り起こしであった。一九七〇年代は、今よりずっと漁師は多かった。それなりの研鑽を積んだ数人が沿岸各地に飛んだ。浜を歩けば漁師に行き当たる。あるものは漁を終えくつろいでいる。また、ある者は浜で網の繕いをしている。それとなく近づいて話しかける。観察する。網の繕いは手先を使う。それをしばらく観察して企図振戦（手の震え）を見取る。話をすることによって構音障害を感じ取る。難聴もわかることが多い。観察や会話の中で、感覚障害を見出すことはそれほど難しいことではない。それほど重症の患者が放置されていたということでもあった。

一定のコミュニケーションが成立すると医師へつなぐ。医師が患者宅を訪問するのは夜である。患家では、雨戸を締め切り近所から見えなくして医師を待つ。自らの身体に異常を感じながらも「水俣病」と診断されるのは怖くもあり、隣近所に知られることがはばかられる時代であった。事前の疫学的聞き取りが終わっていても診察には一人二〜三時間は優に要するから、一晩に一人診るのが精いっぱいであった。その結果を診断書にし、行政の認定につなげていく。

第二段階は、医師グループの結成からである。水俣病多発地帯に民家を借り上げ活動の拠点としていた。ほとんどの医師が熊本市で開業していたことから土日に活動時間が限られていたからである。医師団結成は一九七〇年五月であるが、それ以前から医師グループは活動を開始していた。その医師団は民間の医師と大学の医師の二グループから成り立っていた。

当時、水俣病の研究は原因究明から病状の解明の段階にあり、正確を期すため当初、民間医師団グループが診断し、次に同じ患者を大学グループが診断するという二段構えで実施していた。その二グループの段階を経て水俣病の診断を下していた。患者の負担は大きかった。しかし我々は慎重であった。だからこそ第二次訴訟の判決において、裁判所は医師団の能力と実績に高い評価を与えたのであろう。

一九七二年四月、医師団の中心となっていた藤野糺医師が水俣の患者多発地区の病院に赴任した。本格的に水俣病問題に取り組むためであった。これより少し前には弁護団の馬奈木昭雄弁護士が、水俣病訴訟の遂行のため福岡から水俣市に移住し法律事務所を構えていた。この二人に支援メンバーが加わりチームとして掘り起こし運動が進められていった。その典型例が芦北町女島の三地区の検診であろう。一九七三年二月のことであった。対象者は三八世帯一二二人（一六歳以上）であった。このうち三六世帯八七人が受診した。そしてその全員に水俣病の症状を認めた。後に藤野医師はこの時の検診について次のように述懐している。「私は、この調査以前から漁民集落は軒並みやられている、と予想はしていたが、実際こうまで徹底的にやられているとは思っていず、まったくショックであった。」「この調査は地元民と私たちの共同作業で行われ、調査以後地元民と私たちの結びつきはぐっと深まった。」

医師団には、後に行う汚染地域の悉皆調査と非汚染地区のそれとを比較するという発想の素地が、すでに養われていたといえるだろう。

第三段階は、水俣診療所開設（一九七四年一月）以降である。

行政認定をするには診断書の提出が必要である。その診断書を書いてくれる医師がなかなかいなかった。このため申請しようとする患者にとって、医師団作成の診断書が頼りであった。それに治療が進まない。患者たちは、自分たちの診断書を書き、治療に目を向ける医療機関の必要性を強く感じていた。水俣診療所はこのような患者の強い要求や応援の下に作られたものである。診療所が設立されスタッフもそろい、この段階からは検診の希望があった地域に出かけての地域集団検診が主流となっていく。後に水俣病第三次訴訟とよばれる国家賠償請求訴訟の拠点の一つになった天草郡御所浦（現天草市）島の検診も、一九七七年以降、このように地域集団検診として行われた地域の一つである。

これらの経験を得て、やがて一九七五年七月の桂島悉皆調査へと続いていく。悉皆調査は、それ以降も、二〇一五年一〇～一一月に天草市河浦町宮野河内で、二〇一六年一〇月に上天草市姫戸町の上神代、下縫通、牟田三組で、二〇一七年一一～一二月に鹿児島県長島町北方崎、小浜地区で行ってきた。なお、それぞれの地区の比較調査を行うために、鹿児島県大島郡大和村（天草二地区および長島のコントロール地区）、鹿児島県大島郡加計呂麻島（桂島のコントロール地区）の二地区の調査も行ってきた。

実態調査の最初の典型例となった桂島悉皆調査に至るまでのきっかけも含め、調査の詳しい実相と具体的な結果については、続く3章以下で明かすこととする。

3章　桂島　分校のある島で

桂島は、チッソ水俣工場の排水口から一二キロほど南に離れ、不知火海の南部にぽつりと浮かぶ小島である。鹿児島県出水市に属するが、水俣市と陸続きの米ノ津、高尾野などと比べると若干水俣病に関する実感が薄かったような印象を受ける。

ある日、桂島出身で当時は水俣市内に住むAさんが患者支援でつくられた水俣診療所の藤野糺医師のもとを訪ねてきた。体調不良を訴え、治療のためである。

藤野医師は丁寧に診察したのちAさんが水俣病に違いないことを確信した。しかしAさんは「違う」という。その理由として、数年前に鹿児島大学医学部が桂島島民全員を診察し「島に水俣病患者はひとりもいない」と発表し、自分もその診察を受けているという。だから水俣病ではないというわけだ。さらに「自分と同じような症状の人は、島には何人もいる」ともいう。

藤野医師は、それでもAさんの水俣病罹患に疑いを挟まず、いや、それ以上に島民全体が水俣病に

桂島分校の子どもたち

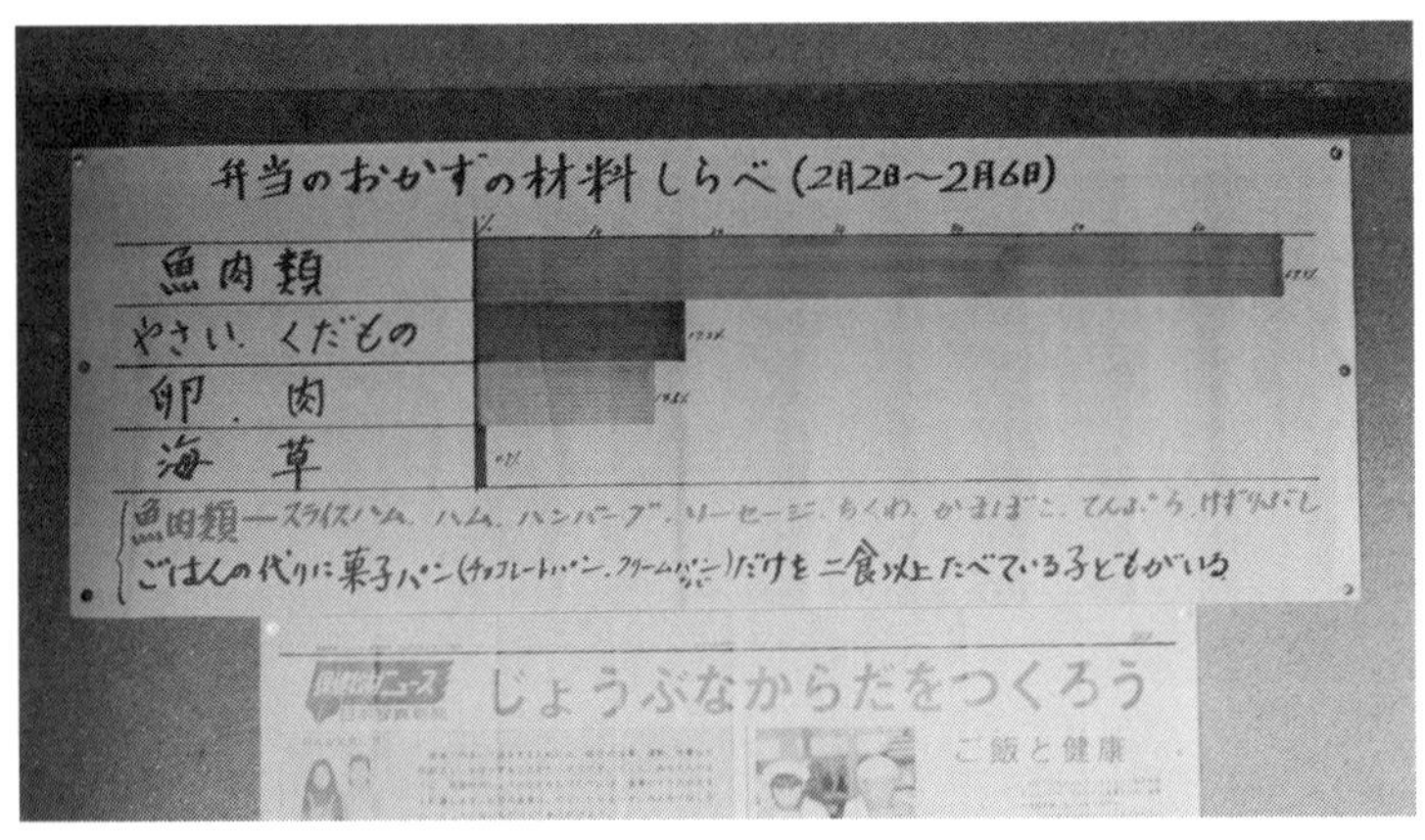

桂島分校の弁当の材料調べ。極端に魚肉類が多い

郵便はがき

料金受取人払郵便

神田局
承認

7148

差出有効期間
2024年10月
31日まで

101−8791

507

東京都千代田区西神田
2-5-11出版輸送ビル2F

㈱花　伝　社　行

ふりがな お名前	お電話
ご住所（〒　　　　）	
（送り先）	

◎新しい読者をご紹介ください。

ふりがな お名前	お電話
ご住所（〒　　　　）	
（送り先）	

愛読者カード

このたびは小社の本をお買い上げ頂き、ありがとうございます。今後の企画の参考とさせて頂きますのでお手数ですが、ご記入の上お送り下さい。

書名

本書についてのご感想をお聞かせ下さい。また、今後の出版物についてのご意見などを、お寄せ下さい。

◎購読注文書◎

ご注文日　　　年　　月　　日

書　　名	冊　数

代金は本の発送の際、振替用紙を同封いたしますのでそちらにてお支払いください。
なおご注文は TEL03-3263-3813 FAX03-3239-8272
また、花伝社オンラインショップ https://kadensha.thebase.in/
でも受け付けております。（送料無料）

不知火海では小規模な漁が多い

冒されているのではないかとさえ思った。これが後の桂島悉皆調査のきっかけであった。

桂島は、当時大人だけで五〇人近くの住民（分校教員を除く）がいた。子どももたちもいて小学校の分校があった。ごく一部の兼業を含めて、住民のすべてが漁師という漁業の島である。農業は、わずかに庭先に家庭菜園程度があるだけ。食生活の多くを魚介類に依存していた。その魚介類は、島民みな同じで、ほぼ同一の漁場、同一の漁法であることから漁獲物もほぼ同一。食生活も魚介類中心にほぼ同一。その結果、島民全体が同じように、ほぼ同じスピードで水俣病の症状を発症していった。ただ急性劇症型の患者と違って、周りが次第に同じ症状を発症してくると、自分は何かの病気を持っているという自覚を持ちにくい。鹿児島大学の検診の際も、水俣病特有の自覚症状はほとんど取れなかったといわれる。

藤野医師は島民ぐるみの水俣病罹患を証明するに

は、生活実態とくに食生活を徹底して調査する必要があることを痛感した。同医師の診療所は無床診療所で栄養士はいない。提携する病院の栄養士を島民の家庭に宿泊させ家族の一日の食事を観察し、その成分を細かく計量するという呆れるほどの精密調査を実施した。もちろん藤野医師自ら臨床症状を細かく診察したことは言うまでもない。特に重視したのは成育歴、生活歴中でも食生活実態の詳しい聞き取りであった。その結果、ほとんどの島民の詳しい所見が集まった。この時点で、幾人かの住民は鹿児島県からの水俣病であるとの行政認定を受ける患者が出た。すでに島ぐるみ汚染、島ぐるみ罹患の片鱗は姿を見せ始めていた。しかし目指したのは「島ぐるみ汚染、島ぐるみ罹患」の実態を明らかにすることである。

そこで到達したのは、まったく汚染のない対照地域で、しかも島部の漁村集落住民の症状と比較検討する必要があるということであった。そのことによって島ぐるみの汚染・島ぐるみの罹患が明らかにできる、というものである。

南の島で

それには多くの準備を整えなければならなかった。

まず対照地区の選択・設定があった。そこは水銀汚染が全く考えられない地域でなければならない。藤野医師は島嶼地域で小規模の漁民集落というくくりで、全国から洗い出した。いくつかの候補地の中から絞り込んだのが、奄美群島の中で、奄美大島の隣に浮かぶ加計呂麻島であった。なかでも調査対象としたのは、奄美大島の反対側にあたる西阿室という大海原に面した小さな漁民集落である。百

西阿室の浜にて

人を超える住民がいた。おまけにハブもいた。

選択の大きな要因となったのは、現地に一番近い診療所である奄美大島瀬戸内町にある南大島診療所の全面協力が得られたことである。できるだけ現地集落で検診を実施するものの科学的な検査や大がかりな機材を使用する検査は施設が必要となる。例えば聴覚検査を行う組み立て式の防音室などは通常の診療所では使わないから、この検診のために水俣からトラック一台分、南大島診療所に運び込んだ。眼科関係の機材も同様。それを活用する専門医等の人材も来てもらった。聞き取り要員も含めて総勢二〇人ほどになった。そのため送り出した側の水俣診療所はからっぽになった。閉めるわけにはいかないから提携する病院からスタッフを派遣してもらい、この二週間ほどは「水俣診療所の職員がいない水俣診療所」が運営された。

このようにして設定された西阿室集落であったが、実は完全に水銀と無関係ではなかった。集落のうち

サンゴを積みあげた塀が多い西阿室の民家

の一人が毛髪水銀（総水銀）値で二一・三五ｐｐｍを呈したのだ。もちろん近くに水銀を排する工場等の施設はない。当時、厚生省（当時）では日本人の毛髪の総水銀値は二〇ｐｐｍ以下としていた。一同首をひねったが確かに厚生省の基準値をうわまわっていた。当時、報道されていた事実に外洋性大型魚（サメ、マグロ、カツオ等）の中に水銀を蓄積したものがあり、外洋性のカツオ等を捕獲し多食する習慣がある西阿室では、その影響があったのではなかろうか。そうだとすれば、日本中で水銀と完全無縁な漁村集落はもう失われているのかもしれない。今後の研究が待たれる。

それでも総合的に判断して、西阿室は汚染地区の鹿児島県出水市荘の桂島の対照地区になり得るとされた。

さて、こちらの体制は努力すればできるが、検診を受けてもらうのは現地の漁民やその家族である。そもそも対照地区としての検診であるから、住民にとって、今自分に検診が必要とされている身体状況ではない。検診のついでに何かの病気が見つかれば幸いという程度だ。特別なメリットはない。製薬会社等が行う治験であれば、そこは現金の支払いということになろうが、そんなことはできない。理解してもらって協力を仰ぐしかない。区長をはじめ地元の方々の協力は約束されたものの、大多数の住民が受診してくれるかどうか、一同が最も心配したことだった。だからできるだけ人間ドックに近づける努力もした。現に幾人かは要治療者を発見した。集落の子どもたちの検査もサービスした。そしてその結果は成功した。成功の陰には、同診療所が奄美医療生協の設立であり、無医地区の西阿室の多くの住民が生協組合員となっていたことも大きかった。

それでも奄美・瀬戸内町の南大島診療所へ検査に来てもらう以外は現地で診療した。住民の負担を軽減するためだ。最も時間を要する聞き取りや診察は現地の民家や集会所で実施した。栄養士や保健師による泊まり込みの食生活調査も実施した。しかし化学的検査は、検体の採取は現地で出来るが、検査ができるのは診療所の検査部である。検体を採取しては保冷バッグに詰め、加計呂麻島を車で横断し、奄美大島・瀬戸内町の南大島診療所までは船で数十分。ある時は検体を運ぶ船が故障し波と風に流された。やっと通りがかった船に曳航されて港につけば、職員は保冷バッグを抱えて診療所まで走った。バッグの氷が解けるのが早いか、診療所の検査室に届く足が早いか……。

このような努力の結果得られたのが次のようなものであった。

自覚症状の示すもの

まずは生活歴、特に食生活、そして自覚症状の詳しい聞き取りから始まる。生活歴は、男性は比較的両島とも現在地での生まれ育ちが多い。途中で一時期島外に居住した者もいる。これに対し女性は他地区からの移住者が少なくない。原因は婚姻による場合がほとんどだ。それでも年齢構成から見るとかなりの居住歴を有している。高齢化した島ということもできる。

自覚症状については、四八項目の両島（桂島・加計呂麻島）共通の質問がある。もちろん論文においては詳しく分析されている。

ここで示すのはほんの一部の抜粋である。特徴は双方に大きな違いがみられることだ。これが即水俣病、有機水銀の影響と断言することはできないかもしれない。ただ注意したいことは、桂島においてこれだけ多くの島民が同じような自覚症状を感じていることは、歳をとればみんなこんなものだ、と思い込む状態であったことが推測できる。一度は鹿児島大学の調査で水俣病を否定されているのだ。島民にとって水俣病は遠いところの出来事としてとらえられていた。そういう状況のなかで、島の皆が同じように自覚症状を発症していけば、歳をとればこんなもんか……と思い込むのは当然かもしれない。

左右対称・四肢末梢の感覚障害は加計呂麻（非汚染地区）にはない

双方の臨床症状の比較について見てみたい。もちろん正確で総合的な比較はすでに発表されている医学論文に譲る。ここで取り上げたのは最も水俣病に典型的に表れるという感覚障害である（表1・

表1　自覚症状の比較

自覚症状	桂島	西阿室
体がだるい、疲れやすい	98.2%	34.2%
仕事をしなくても肩こり、腰痛がある	80.0%	35.0%
頭痛、頭重感がある	85.5%	18.0%
現在、しびれがある	80.0%	6.0%
しびれは体の左右両側に出た	78.2%	3.0%
新聞やテレビを見ると目が疲れ易くなった	74.5%	19.0%
寝つきが悪い、眠れない	74.5%	12.0%

表2　臨床症状の比較

症状存在率	桂島	西阿室
四肢末梢性感覚障害	96.8%	0%
口（くち）周囲感覚障害	45.2%	0%
感覚障害全体	100.0%	15.2%

表2）。

西阿室住民にみられる感覚障害は外傷によるところが多い。ハブによる咬傷後遺症もあった。地域独特のものである。

疫学条件があり四肢末梢優位の感覚障害があれば水俣病

これらの結果から、藤野医師らの県民会議医師団では、不知火海産の魚介類を多食し、四肢末梢性の感覚障害を呈する者は、程度の差はともあれ、水俣病であると断ずることができる、と判断した。それまでは感覚障害の発現は頸椎症に由来する、あるいは糖尿病。難聴は老人性のもので、震えは……と、いくつもの疾病で症状をバラバラにし、水俣病以外の疾病で「説明」していたものが、いかに不自然なものであるかを証明することとなった。

確かに頸椎症でも感覚障害は出現しうる。ただし典型的な四肢末梢優位で出現することはほぼないに等しい。もちろん水俣病による感覚障害と重なって出現することはあり得る。しかしそれは、水俣病と診断するのは何も困難なことではない。行政から認定を棄却された島民四人について行われた公健法（公害健康被害補償法）に基づく行政不服審査によって同様の論争が審理され、最終的には四人全員が行政認定に至ったことでも証明されている。

現在、県民会議医師団等が主張している「汚染地域の魚介類を多食し、四肢末梢優位の感覚障害を呈する症状があれば水俣病である」とする病像論は、簡単に言えばこのようにして作り上げ、到達したものである。

４章　水俣病被害者救済特別措置法（水俣病特措法）が認めた水俣病

次に、二〇〇九（平成二一）年七月一五日成立の水俣病被害者の救済及び水俣病問題の解決に関する特別措置法（水俣病特措法・法律第八一号）についてみてみよう。

同法を成立させなければならなかったのは、何らかの救済を必要とする水俣病被害者が不知火海沿岸住民の中に多数存在することを認めざるを得ない実態が、裁判等で浮き彫りになったからである。

それは主に熊本地裁のノーモア・ミナマタ訴訟（原告約三〇〇〇人）において、水俣病様症状を呈する者が不知火海沿岸に多数存在し、救済を求めている事実が浮かび上がったことからであった。早急に救済する方法として、熊本地裁はノーモア・ミナマタ訴訟において和解による大量救済に踏み切った。この和解に特徴的な一つとして救済対象者の特定方法があった。それは裁判所の管掌のもと「原告側医師二名、被告側医師二名、それに双方が納得する委員一名の五人」で救済対象患者を特定するための委員会を創設したことだ。そこで救済すべき対象者を特定し、裁判所が認定することとなった。その結果、ノーモア・ミナマタ訴訟原告の約九割が救済の対象となった。特措法はこの熊本地裁での和解に大きな影響を受けて作られている。原告以外にも沿岸住民に当然同様の症状を呈する患者が存在することが見込まれるからだ。であるからこそ、同特措法の「救済及び解決の原則」を述べた同法第三条において、「……救済を受けるべき人々があたう限りすべて救済されること……」となっているのである。

また、この法律の制定に関し「国等の責務」の項に、第四条「あたう限りすべて救済され、水俣病問題の解決が図られるように努めなければならない」と国に解決の責任を明示したのは、二〇〇四年一〇月の水俣病関西訴訟の最高裁判決において国の責任が認められたこととの影響によるものであろう。

さらに重要なことに同法三七条には「政府は、指定地域及びその周辺の地域に居住していた者の健康にかかる調査研究その他メチル水銀が人の健康に与える影響及びこれによる症状の高度な治療に関する調査研究を積極的かつ速やかに行い、その結果を公表するものとする」と規定されている。つまり沿岸住民の健康調査を行うよう定めている。ところが国はこの条文を曲解し、「長期経過した水俣病患者」の「特定法」を脳磁計等の開発によってなしたい等とし、法成立から一〇年以上たった現在でも実施しようとはしない。法が求めたものは健康調査の実施と治療法の開発である。的確な治療法がないがゆえに患者は苦しんできた。その治療法の研究は早急に進めなければならない。法はそれを求めている。患者の特定法はすでに確立している。それを進めればいいだけのことだ。法の趣旨をあえて曲解して健康調査と治療法を後回しにしてはならない。やれることをやらないことは、国が、恣意的に患者が高齢化し死亡してしまう時期を待っていると考えざるを得ない。それは人道に反する作為であろう。

チッソ水俣工場は、何の変化もないまま別会社 JNC 工場となった

結局、この法による救済者は五万人余に達した。画期的なことではある。これだけの水俣病にみられる症状を持つ患者が、多数存在することが明らかになったわけである。しかも同特措法でいわゆる「救済対象地域」と定められた地域以外にも患者の存在を認めなければならなくなったことは、指定地域という不当な線引きが露呈したことである。同時に、チッソの水銀放出が終わったとされる一九六八（昭和四三）年以降出生の比較的若い患者が救済対象となったことも特筆すべきことである。我々は放出終了以降においても長期にわたり不知火海に拡散した水銀による微量汚染が続いてきたと考えている。これを臨床的、系統的に追究しているのは民間医師団以外にいないことは残念なことである。

このように、同法成立に被害者が努力を積み重ねてきたことが大きな影響を与えている。しかし同法には加害者側の反撃の影響も否定できない。

理解しがたい条項

それは同法第九条等において、加害企業チッソの事業主体を別会社に移譲し、チッソを、生産手段を持たないいわゆる持株会社にしたことである。これにより別会社とされたＪＮＣはチッソによると同様、外見上なんの変化もなく操業を続けている。しかし、それはもはや加害企業チッソではなくなっている。当然、チッソとは別会社であるから水俣病被害についての加害責任はないとされる。加害企業チッソは、ＪＮＣの株の持ち株の範囲でしか責任は果たせない。株を売り払ってしまえば、倒産ないし解散となりチッソという加害企業は消滅する。ただ被害者たちによる強力な反発もあり、株の売り払いについては、環境省による一定の歯止めはかけられた。とはいえ公害加害企業の加害責任逃れの道を開いたことは、今後の他の公害加害企業の責任の取り方に影響を与えかねない、許しがたい条項である。

法を突破した被害者

患者救済の面において、特措法は患者の居住地域指定や出生時期による規制がかけられた。それでも患者運動の結果、対象指定地域や年代制限を一部突破した例も出た。

対象地域とされた地域では「公的機関の医師」による簡易な診断がなされた。それはもともと同法に基づく感覚障害等の一定の症状を確認するためだけの診察だったからである。それでも現場ではトラブルが続出した。それは対象地域外の住民の診察をそもそも実施しないとか、あるいは診察した住民に「感覚障害はないもの」との思い込みから、知覚針（この場合は爪楊枝を使用した）の接触を

「判らない」と回答した者に「これでもわからないか」と強く押し込み、出血する者が続出する事態となった。

これが不適切な診察であることについては、被告側の証人である神経内科専門医の濱田陸三医師も次のように証言している。

原告側代理人　痛覚障害というのは血が出るほど強い刺激というのは与えられないですよね。
濱田証人　それはしませんね。
原告側代理人　しないですね。
濱田証人　しないです。

この被告側の証言でも強調されているように、痛覚を判定する診察としては極めて不適切な診察方法であった。患者会は、その都度立ち合いの県職員に抗議し改善を求めたが、最後まで解消されることはなかった。

それでも三万六〇〇〇人を超える救済対象者が水俣病被害者と認められたことは、患者救済にとって大きな前進である。水俣病ではない、または何かわからない疾病として放置されていた者にとっては朗報でもあった。さらに認められた者のなかに多くの救済指定対象地域外の住民が含まれていた。対象地域を限定し、それ以外の者の受診を極力制限しながら、しかも必ずしも適切な診察でなかったにもかかわらず、それを潜り抜けて救済対象となった者がかくも多く出たことは、沿岸住民の汚染に

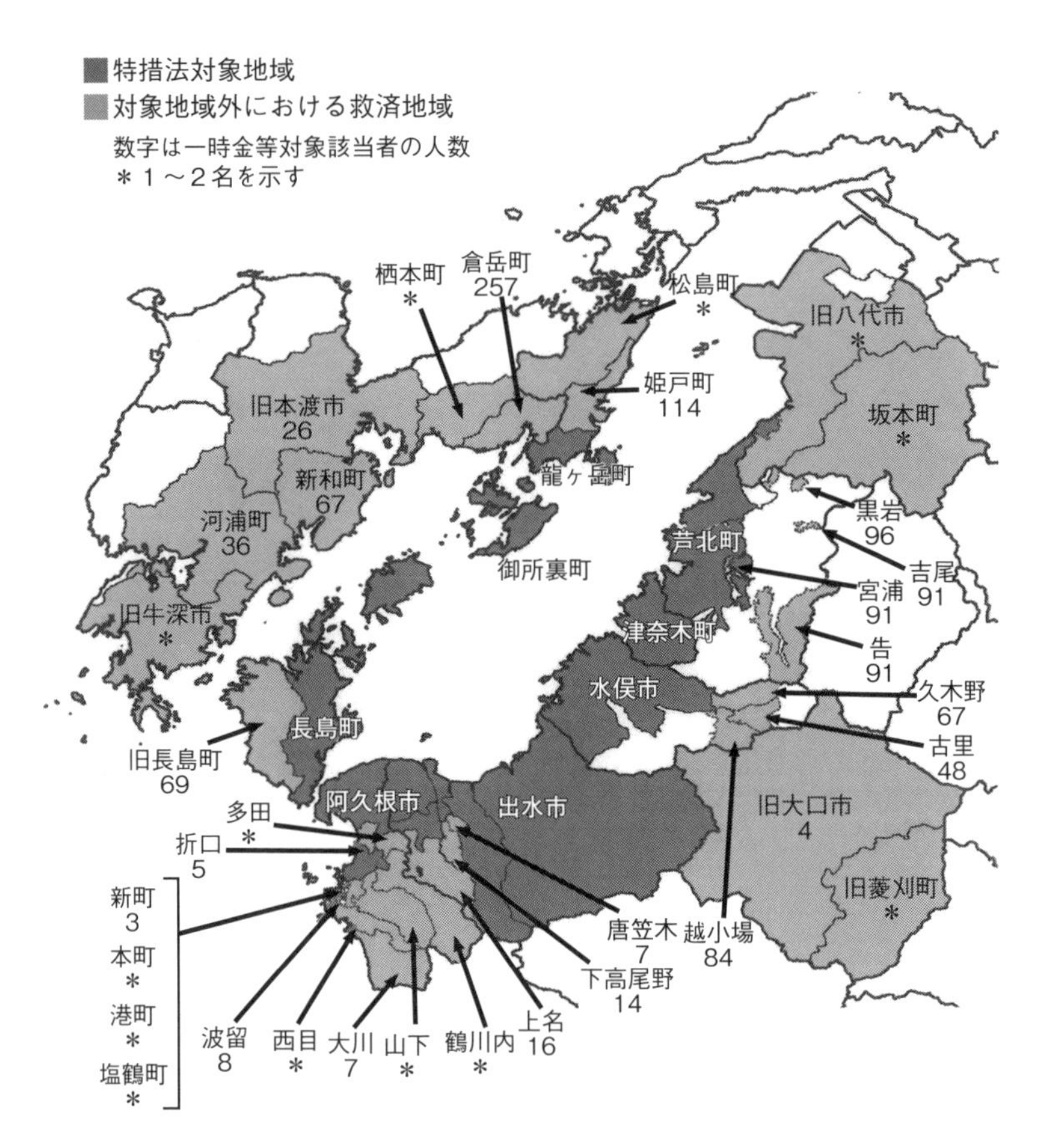

図２　水俣病特措法による対象地域外の救済人数

図書出版 **花伝社**

——自由な発想で同時代をとらえる——

新刊案内

統一協会の何が問題か

人を隷属させる伝道手法の実態

郷路征記 著

880円(込) A5判ブックレット
ISBN978-4-7634-2033-6

統一協会と対峙した35年。見えてきた被害者救済の道筋と、被害防止の方向性——

信者はなぜ家庭を崩壊させるような多額の献金をするのか?
その伝道・教化手法の違法性はどこにあるのか? 統一教会被害者救済の第一人者による緊急出版！ 被害の実態から見えてきた違法性を示し、統一教会問題の本質に迫る。

けっきょく、新型コロナとは何だったのか

病原体、検査、そしてワクチンの根本的問題

大橋 眞 著

1,650円(込) 四六判並製
ISBN978-4-7634-2034-3

すべてのコロナ対策は多重仮説に築かれた砂上の楼閣にすぎない——利権を生み出し後戻りできなくなったコロナ対策、その欺瞞を問う!

いまだ証明されていない「SARS-CoV-2」、偽陽性多発のまますべての基準となったPCR検査、そして仮説に仮説を重ねた上に作り出されたコロナワクチン……。
私たちはいつまで、何ら根拠のない"対策"に振り回され続けるのか?

ウクライナ・ノート

対立の起源

イゴルト 作
栗原俊秀 訳

2,200円(込) A5判並製
ISBN978-4-7634-2029-9

**ウクライナとロシアの対立の原点は?
大飢饉「ホロドモール」を生き抜いた人々の証言。グラフィック・ノベルで描くウクライナ近現代史。**

イタリアを代表する漫画家が、現地での聞き取りをもとに、ウクライナの苛烈な歴史を背負う人びとの生き様を描く。

小さなベティと飛べないハクチョウ

ひとりぼっちのヤングケアラー

ディド・ドラフマン 作
川野夏実 訳

1,980円(込) A5判変形並製
ISBN978-4-7634-2032-9

貧困、虐待、ネグレクト——「家族」という運命から、少女は脱出できるのか?

美しい色彩で孤独な「幼き介護者=ヤングケアラー」の現実を描く、オランダの名作グラフィックノベル。
ママの気持ちがよくわかる——私だってきっと出て行ったわ

書評・記事掲載情報

●しんぶん赤旗　書評掲載　2022年10月9日

『吉野源三郎の生涯』　岩倉 博 著

本書は膨大な資料をもとに吉野氏の生涯を追いかけた評伝である。私も断片的にしか知らなかった事実がいくつもあり、それをつなげることでこの稀代の編集者・ジャーナリストの全体像をつかむことができた。<中略>吉野氏には著作や対談などは多く残されているが、本格的な評伝はなかった。

<中略>ジャーナリズムは目の前に展開される日々の問題と向き合い、格闘する。吉野氏の目の前にあったのは、米ソ冷戦であり、日米安保であり、核軍拡運動であり、ベトナム戦争であった。その現実に憤り、批判し、別の道を提起し続けた彼を突き動かしたのは、戦争・権力への強い批判と「人間の幸福とは何か」という根源的な問いかけであった。時代は変わり日々の課題は変わっても、その問いかけがジャーナリズムの背後になければならないことは変わらない。（評者：岡本 厚　岩波書店前社長・『世界』元編集長）

●共同通信配信　書評掲載　2022年8、9月

『吉野源三郎の生涯』　岩倉 博 著

<前略>41年前、82歳で他界した吉野は出版界では月刊誌「世界」の編集長としてよく知られているが「どう生きた」人物だったのかは、知られていない。著者は資料を渉猟してその生涯を跡づけた。〝40年ぶりの復活〟といえる貴重な出版だ。

<中略>本書では年代記風に、<中略>「君たちはどう生きるか」を書くまでを追って、吉野の思想的バックボーンを明らかにしている。

<中略>原水爆禁止運動で60年代、「いかなる国の原水爆にも反対する」という基本方針を巡って意見が対立した。吉野はこの時代も運動の分裂を防ぐために尽力し、以降も運動の統一を生涯にわたって希求した。いま、まさに必要な思想だ。

（評者：鎌田 慧　ルポライター）

●図書新聞　書評掲載　2022年8月6日第3554号

『クィア・アクティビズム』　新ヶ江章友 著

<前略>本書は性的少数者の社会運動史を追いかけることで、それらの運動が基づく発想の出どころとクィア・スタディーズに受け継がれていく内実を整理し、クィア・スタディーズへの導入をおこなう。巧みに整理されたわかりやすい歴史記述を追いかけることで、知らず知らずのうちにクィア・スタディーズの肝が理解できてしまうという、きわめてよくできた本なのである。<後略>（評者：森山至貴　早稲田大学文学学術院准教授）

花伝社ご案内

ご注文は、最寄りの書店または花伝社まで、電話・FAX・メール・ハガキなどで直接お申し込み下さい。
（花伝社から直送の場合、送料無料）
また「花伝社オンラインショップ」からもご購入いただけます。　https://kadensha.thebase.in
花伝社の本の発売元は共栄書房です。
花伝社の出版物についてのご意見・ご感想、企画についてのご意見・ご要望などもぜひお寄せください。
出版企画や原稿をお持ちの方は、お気軽にご相談ください。
〒101-0065　東京都千代田区西神田2-5-11 出版輸送ビル2F
電話　03-3263-3813　FAX　03-3239-8272
E-mail　info@kadensha.net　ホームページ　http://www.kadensha.net

イカ籠漁のしかけ

よる被害者がいまだ多く残されていることが立証されたものであろう。

対象指定地域と、それ以外に救済対象とされた患者の人数は**図2**のとおりである。

対象地域を取り巻くように救済対象者が認められ、それは対象地域を越えて被害住民が不知火海一円に広がっている事実だ。これを見れば、不知火海全体が汚染されていることが一目瞭然である。このことからも、沿岸住民全員を対象とした健康調査が必要なことがわかる。

同時にこのことは、救済すべき対象者が沿岸一帯にいまだに存在すること、それが対象指定地域を越えて存在していることを、ほかならぬ水俣病特措法自体が示すこととなった。

流通ルートによる汚染の広がり

なお指摘しておきたいことはこの図で示されている中に、いわゆる直接の沿岸住民ではない「流通ルートによる汚染」とよばれる住民が含まれていることである。沿岸地域には旧国鉄山野線を利用したり、あるいは水揚げの場から自らかついで、沿岸地域から離れた集落に売り歩く、いわゆる「担ぎ屋（メゴ担い）」が多数存在する。沿岸の漁業集積場（通常は漁協運営の市場である）から出発する流通ルートとよばれるものは、いわゆる担ぎ屋（メゴ担い）による者の場合、漁師が漁協の市場に出にくい規格外魚や数が少数の魚などを直接漁師から安価で買い付けそのまま籠に入れて売り歩くことが多い。これらは漁協や行政の統計には反映されない（＝筆者聞き取り）。漁獲者から直接消費者のもとに運ぶ人たちだ。入れ物は籠や通称ガンガンとよばれるトタン製の大型容器であった。これら流通ルートとよばれる魚介類の流通は、仕入先が汚染地域の集積場であったり時には自らの家族であったりする。夫が漁師でその妻がメゴ担いという例は多い。この場合、市場に出せるものは市場に出し、それ以外をメゴ担いにする場合がほとんどである。

メゴ担いの行き先は旧国鉄山野線では駅ごとに、直接徒歩や軽車両で行く場合もほぼ決まっている。売り人と買い人はほぼ定着している。結果としてこれらの消費者は沿岸住民と同様の魚介類を喫食していることになる。それが流通ルートに居住する住民の通常の魚介類の入手方法であった。

これらの消費者の中から幾人もの水俣病症状を呈する者が出た。しかし、それは当然のことであろう。問題はこれら流通ルートの患者の掘り起こしも、行政の手ではなく民間の医師団の手によるものであったことである。山奥の患者の居住地に足を運び、その症状の実態から病状を追求していったことによるものである。いわゆる権威ある加害者側の医師が、このように患者のもとに足を運んだ形跡は全くない。

5章　沿岸各地の悉皆調査が示したもの

不知火海沿岸には、現在も三〇万人以上の住民が生活している。これらの健康調査を実施すれば、住民の中に水俣病様の症状を持つ患者が多数存在することが当然ながら推測される。もちろん最高裁判所で国の拡大責任が認められた以上、国は責任をもって調査すべきことはいうまでもない。現に水俣病特措法は国の健康調査を義務付けている。しかし実際には調査を実施しようとしない。救済対象者が大量に浮かび上がるのを恐れているとも考えられる。最高裁判決で国の加害責任が確定している以上、国としても調査をしないとは言えない。それで「調査手法の開発中」などと逃げている。特措法の実施で確認されたように、現存する診察法で十分に調査が可能であることはすでに述べたとおりである。その結果、いかに大量の救済対象者が出ようと加害者が確定していることであり救済を逃れることは不条理である。

県民会議医師団をはじめとする民間医師集団は、すでに実施した鹿児島県出水市荘の桂島に加え、不知火海沿岸各地の集落において何箇所かの悉皆調査を行っている。不知火海を取り囲むように、熊本県上天草市姫戸地区、天草市宮野河内地区、鹿児島県長島町長島地区の各地区である。

行政による沿岸住民の健康調査が実現すれば、沿岸住民に大きな健康の偏りが証明されることは容易に推測されることである。

すでに桂島地区においての症状は述べたとおりである。ここでそれぞれの地域の住民についてみてみよう。これも先の桂島の場合に述べたように、正確で詳しい状況はすでに発表されている論文に譲るが、十分確信が持てるだけの資料を引用する。

①　上天草市姫戸地区の場合

姫戸町は不知火海の北部にあり、不知火海を挟んでチッソ水俣工場の対岸の上天草市の一部にあたる。また姫戸は、不知火海北部の交通の要衝でもあった。八代、三角や天草・龍ヶ岳、本渡との定期船も停泊している。芦北や水俣からの漁船・うた瀬船の風待ち港でもあった。

さらに姫戸は渡り蟹の産地として有名で、それを目当てに寄港する船や八代などからの観光客も多かった。渡り蟹はおもに固定刺し網漁で漁獲される。流し網は主にエビを獲る。足赤エビなど不知火海の特産のエビも獲れ、それは東京など都会地へ出荷される高級魚である。この地で喫食される魚介類のほとんどすべて不知火海産である。漁港に近いことから、住民のほとんどは魚介類の入手に易く、地域の漁師もいわゆる雑魚は地域住民に分け与えるのが生活習慣でもあった。その結果、地域住民の

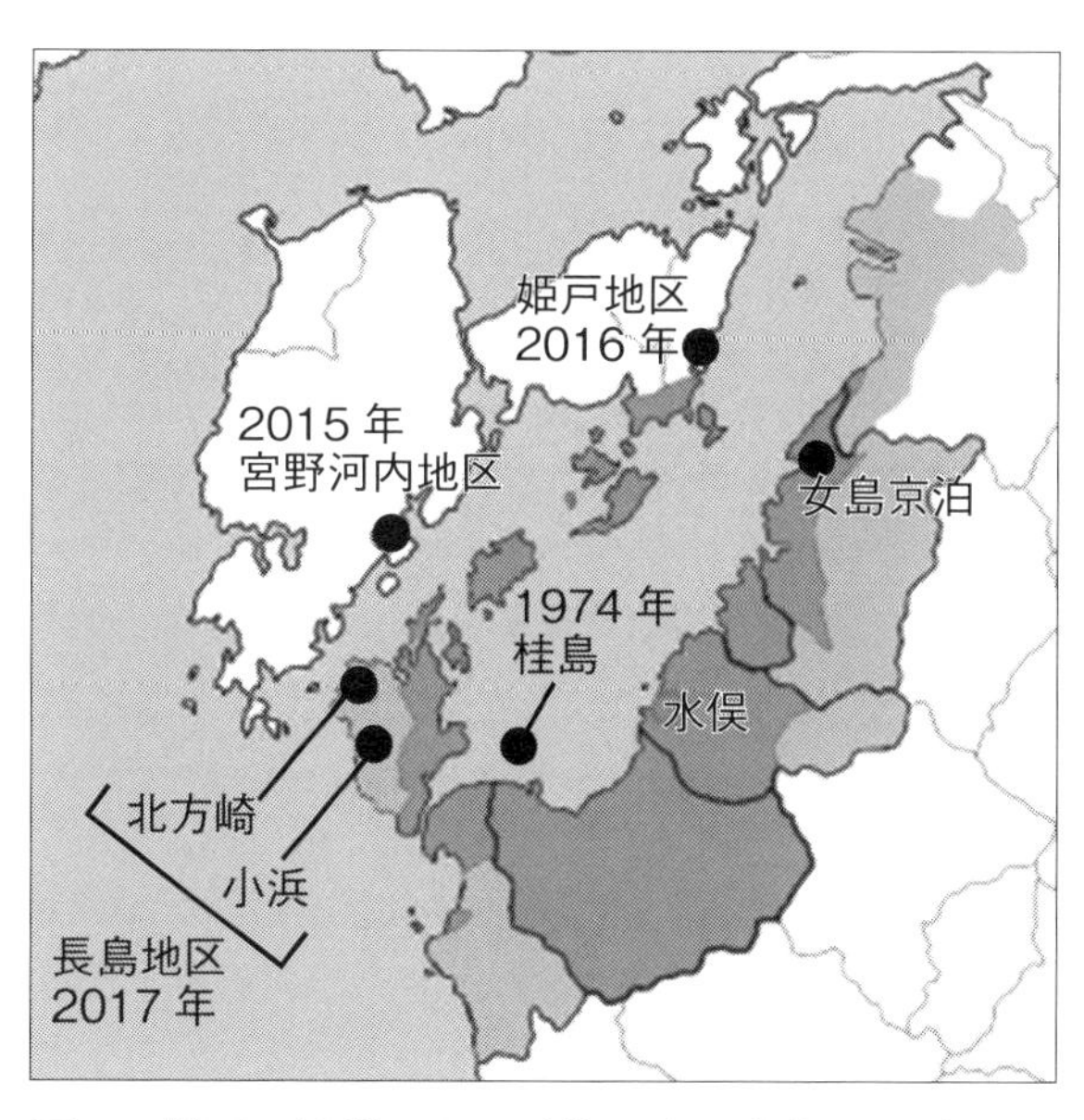

図3　地図・沿岸のうち悉皆調査を実施した地区

魚介類の摂取量は漁師宅と同じかそれに近く多量である。しかしながら水俣病救済特別措置法の救済対象地区とはなっていない。調査対象とした地区は、同町のなかの上神代、下縫通、牟田三組で、同三地区の人口は、一九六八（昭和四三）年一二月までに出生した者（選挙人名簿による）を選別すると一九八人であった。そのうち二〇一六年一〇月に行われた住民健診の受診に応じた者は一〇七人。その中から一九五三（昭和二八）年から六八年の期間（患者第一号が確認された時期から工場排水が終了した時期）に、同地区に居住歴がない期間を有する者、逆に救済対象地区に居住の経験を有する者、計一八人を除外した。これは同地区内に居住し続けた者だけを統計の対象とするためである。結局八九人が統計の対象となった。統計的には対照地区との年齢補正を行っている。

表３　自覚症状の比較

症状（聞き取りによる自覚症状）	上天草市・姫戸町	奄美・大和村
両手のしびれ	78%	13%
両足のしびれ	74%	10%
口（くち）周囲のしびれ	43%	1%
頭が痛い	64%	16%
こむら返り	90%	36%
周りが見えにくい	65%	7%

対照地区は奄美・大和村

対照地区として選んだのは、チッソの排水による汚染の影響がないと思われる鹿児島県大島郡大和村である。大和村役場の住民統計によると同村内で一九六八年一二月までに出生した者は一〇四三人であった。このうちたまたま特措法の救済対象地区に居住経験がある二人を統計から除外した。大和村で受診し統計の対象となったのは七〇人であった。同村住民の調査は、姫戸地区の調査の約一年前になる二〇一五年一一月であった。

両者の比較は、すでに論文として発表されていることから、専門的な比較はそちらに譲り、水俣病患者によくみられる自覚症状のうち七項目について比較したものである（**表3**）。しかも、この自覚症状については「いつもある」「時々ある」の合計である。

もちろん五〇数項目ある自覚症状についての質問項目のうち水俣病患者によくみられる七項目であり、自覚症状全体を推し量ることではないが、おおよその比較をするには十分だろう。

上天草市・姫戸町は住民の自覚症状は、対照地区の奄美地区の大和村と大きな傾向の違いがあることがわかる。

表4　臨床症状の比較

症状	姫戸地区	奄美・大和村
四肢末梢優位の感覚障害	53.93％	1.43％
全身性感覚障害	5.62％	0.00％
四肢の感覚障害	58.4％	1.43％
口（くち）周囲感覚障害	12.36％	0.00％

表5　触覚・痛覚いずれも障害されている場合の蓋然性確率の比較

触覚・痛覚いずれも障害されている場合の蓋然性確率	姫戸（対調査者数比）対奄美・大和村地区	姫戸（対人口比）対奄美・大和村地区
四肢優位の感覚障害	97.3％	94.6％
全身性感覚障害	100.0％	100.0％
四肢の感覚障害	97.6％	95.1％
口（くち）周囲感覚障害	100.0％	100.0％
上記いずれかあり	97.6％	95.1％

臨床症状の比較

次にこれを裏付ける臨床症状を見てみよう（**表4**）。

水俣病に特有の症状とされる四肢の表在感覚障害を触覚・痛覚のいずれもが障害されている場合を比較してみる。

このように水俣病罹患の場合、最も出現頻度の高い臨床症状である感覚障害について、両者には統計的に有意の差が認められる。

今回の受診者において選択バイアスが存在した場合を想定し、地域全体の感覚障害存在割合、感覚障害が存在した際の、それがメチル水銀汚染によるものである蓋然性確率を推定している。

それによれば**表5**のようになっている。

このように感覚障害が触覚・痛覚の両方において確認された場合の蓋然性確率においていずれも八〇％を超える高率となっている。実際には、姫戸地区において「受診しなかった残り九一人全員が一九五三年から六八年において居住歴があり、救済対象地区に居住歴がなく、かつ四肢、全身、口周囲において、いずれも感覚障害を認めなかった」という極端ともいえる仮定のもとで計算されている。しかし、このような仮定はほぼ存在しない。であるから実際の蓋然性確率はこれよりもっと高い値であることは確実である。

以上のことから、姫戸地区居住者で、四肢または全身または口周囲に表在感覚障害を認めた場合、その原因がメチル水銀曝露である確率は非常に高く、姫戸地区における健康被害の拡がりは特措法のいう救済対象地区に匹敵するということができる。

② 天草市河浦町・宮野河内地区の場合

天草市河浦町・宮野河内地区は、不知火海を挟んで天草諸島のなかで水俣市の最も遠い対岸にある。水俣市と同町とは、御所浦島、獅子島等の比較的大きな島を間に挟んでいる。当然、魚類は回遊するものの漁獲総量に占める汚染魚の割合は減少し、症状を呈する者も減少すると思われる。果たしてそうだろうか。そのことを確かめるためにも同地区の悉皆調査は注目された。ここも特措法による救済対象地区ではない。

対照地区には、先の姫戸地区の場合と同じく、鹿児島県大島郡大和村を用いた。

同地区の住民のうち船津、松崎の両集落住民を直接の調査対象とした。両地区で一九六八年一二月までに出生した者は二〇六人であった（選挙人名簿による）。このうち分析対象として協力できた者は一〇八人であった。このうちからさらに一九五三年から六八年までの期間に同地区に居住歴がない者、

表6　聞き取りによる自覚症状の比較

症状（自覚症状）	天草市・宮野河内	奄美・大和村
両手のしびれ	89％	13％
両足のしびれ	86％	10％
口（くち）周囲のしびれ	63％	1％
頭が痛い	86％	16％
こむら返り	89％	36％
周りが見えにくい	83％	7％

表7　臨床症状の比較

症状（表在感覚障害、触痛覚）	天草市・宮野河内	奄美・大和村
四肢末梢優位の感覚障害	58.6％	1.4％
全身性感覚障害	25.7％	0.0％
四肢の感覚障害	77.1％	1.4％
口（くち）周囲の感覚障害	34.3％	0.0％

逆に対象地区に居住歴があった者三八人を統計から除外した。これは姫戸地区の場合と同様である。

聞き取りによる自覚症状の比較

実際の自覚症状の聞き取りは五〇項目を超える詳細な質問がなされている。ここではそのうち、もちろん水俣病患者でもよく見られる項目について数項目を選んだだけである。おおよその傾向を見るにとどめたものである。

その結果は**表6**の通りであった。数値は「いつもある」「時々ある」との回答の合計である。

ここで紹介したのは五〇数項目の質問のうちの僅か七項目に過ぎないが、対照地区の奄美大島・大和村住民に対し、天草市・宮野河内地区のそれは大きく傾向が違っていることがわかる。

臨床症状の比較

次にこれらを臨床症状とも比べてみる（**表7**）。

繰り返すが、ここに掲載したのは臨床症状のうち水俣病患者に圧倒的に見られる感覚障害（表在感覚障害で触覚、痛覚の双方ともに認められる場合）だけである。

以上の天草地方の姫戸町、宮野河内両地区は特措法による対象地区ではないが、対象地区である水俣市、芦北町と不知火海を挟んで対岸にあたる。さらには、宮野河内地区は、対岸にありながら間に御所浦島、獅子島を挟んでいる。これらを結ぶ海流もあれば、魚介類の回遊もある。しかも漁場は、魚種や季節によって、水俣側と天草側の双方から乗り入れる場合も少なくない。水俣病の発生機序からいっても、姫戸町、宮野河内地区を比較して、自覚症状、臨床症状においてほぼ差が見られないのは至極当然のことであろう。

③　長島町（鹿児島県出水郡長島町）の場合

次に長島町において同様の比較を行ってみる。

同町は不知火海の南部に位置する。狭くて急流の黒之瀬戸を通して東シナ海に接する。漁業にとっては難所である。長島町は、合併前の旧東町と旧長島町からなる。旧東町が不知火海側に面し特措法による救済対象地域となっているが、東シナ海に面する旧長島町は対象地域ではない。しかし、両側とも婚姻等による関係や交通による利便性から行き来は多く、また食生活もほとんど差がなく、旧両町による区別はあまり意味がないようである。

この地で悉皆調査を行うにあたっても双方の住民に深い姻戚等の関係が見られた。

そして、水俣市にある市立水俣病資料館の長島の漁業環境についての説明には次のように記載されている。

「長島は耕地に乏しいため昔から沿岸では生活の糧を海に求めてきた。特に長島近海はイワシ、タイ、ナマコ、ヒジキ、トサカ等の魚貝海藻類の種類が多く、網漁、一本釣り、貝類や海草とりなどが行われてきた。

江戸時代には長島産のイリナマコや干しアワビは長崎に送り、中国向けの輸出品とされた。（…）最近ではとる漁業だけでなくハマチ等の養殖もおこなわれるようになった」

このように島が昔から不知火海産の魚介類に依存してきた歴史をつづっている。島の西側（旧長島町）は不知火海には面していない。東シナ海である。ところが地元住民の話を聞くと、対岸の天草・牛深の漁業に比べると漁船は小型で、波の荒い東シナ海ではなく、波静かな島の東の不知火海側に出向くことが多かった。それでも十分生活が成り立つだけの漁獲があった。現在も、島周辺には多くの小さな漁港が存在するが、西側（東シナ海側）にある漁港を含めほとんどは東側の不知火海側に出漁する。

島の産業は漁業が多いが、農業では自家用程度の野菜を耕作するほか、焼酎製造の原料であるサツマイモを耕作する場合が多い。小さな島にもかかわらず焼酎製造所は五社程度存在する。中には全国的に流通するものもあるが、島内だけで消費される小規模の製造所もある。

不知火海において加害企業チッソの排水口とは最も遠い対岸にあり、この地域の住民を調査することは、メチル水銀などの汚染物質が不知火海全域に及んでいることの証左にもなろう。

直接の調査地域は、長島町のうち北方崎地区、小浜地区の二地区である。選挙人名簿によれば一九六八年一二月までに出生した人数は北方崎四二人、小浜八六人であった。合計一二八人が調査の対象

表８　自覚症状の比較

	いつもある	いつもある	いつもある	いつも＋時々	いつも＋時々	いつも＋時々
	北方崎	小浜	奄美	北方崎	小浜	奄美
両手のしびれ	15%	16%	6%	54%	66%	13%
両足のしびれ	15%	16%	3%	62%	63%	10%
口周囲のしびれ	0%	3%	0%	31%	28%	1%
頭が痛い	15%	3%	0%	54%	63%	16%
こむらかえり	23%	13%	1%	77%	78%	36%
周りが見えにくい	15%	9%	3%	23%	53%	7%

となる。聞き取り調査は、居住歴、職歴、魚介類の入手方法、食習慣、家族の職業歴について、五八項目について詳細に聞き取った。調査時期は二〇一七年一一月である。

これらの詳細な報告は、診察結果も含めすでに発表されていることから、他の地区同様一部の典型的な項目について記載する（**表8**）。コントロール地区は今回も鹿児島県大島郡大和村である。

これは五八項目のうちの六項目に過ぎない。しかし水俣病でよくみられる自覚症状である。北方崎・小浜の長島町住民とコントロールの奄美地区住民との間に有意の差がみられることは重要な所見である。

次に、他の地区と同様に表在感覚障害について臨床症状を比較してみる（**表9**）。

この調査報告書の考察の中で表在感覚障害について次のように述べられている。

「表在感覚障害については、長島地区で、触覚・痛覚両方の感覚障害を四肢末梢優位に認めたもの三七・七八％（一七人）、全身性に認めたもの八・八九％（四人）、口周囲に認めたもの一五・五六％（七人）であった。触覚・痛覚両方の感覚障害を四肢優位、

表9　臨床症状のうち表在感覚障害の比較

触覚・痛覚障害の少なくとも一方あり	北方崎	小浜	長島計	奄美
四肢末梢優位の感覚障害	84.6%	62.5%	68.9%	5.7%
全身性感覚障害	15.4%	15.6%	15.6%	1.4%
四肢の感覚障害	92.3%	71.9%	77.8%	7.1%
口周囲感覚障害	46.2%	46.9%	46.7%	2.9%
上記いずれかあり	92.3%	75.0%	80.0%	7.1%

全身性または口周囲に認めたもの五一・一一％（二三人）であった。

奄美地区で、触覚・痛覚両方の感覚障害を四肢末梢優位に認めたもの一・四三％（一人）、全身性に認めたもの〇％（〇人）、口周囲に認めたもの〇％（〇人）であった。触覚・痛覚両方の感覚障害を四肢末梢優位、全身性または口周囲に認めたものは一・四三％（一人）であった。過去のコントロール地域での調査結果（感覚障害は触痛覚の両方が障害されていた場合のデータと考えられる）では、四肢末梢優位の感覚障害を認める率は〇～一％前後という値が示されているが、それとよく一致する結果であった」と記されている。

このあと今回の検診受診者の有病率から、感覚障害が存在した際に、その感覚障害がメチル水銀汚染によるものである蓋然性確率を推定した。それによると「触痛覚の両方で四肢末梢優位の感覚障害を認めた割合は、長島地区で三七・七八％、奄美地区で一・四三％である。その場合の蓋然性確率は（三七・七八－一・四三）／三七・七八＝九六・二％である。全身性感覚障害と口周囲感覚障害で同様の計算をすると、蓋然性確立はいずれも九〇％を越える結果となった」。この計算は、長島地区で選択バイアスが存在したと仮定し「受診しなかった残り五七人全員が、一九五三年～六八年の期間において長島地区に居住歴があり、かつこれまで救済対象地域内に居住歴がなく、かつ、全身・四肢・口周囲のいずれにも感覚障害が認められなかったと仮定したものである」。しかし現実にはこのようなことは考えにくく、蓋然性はさらに高くなることが容易に考えられる。

また奄美地域においては「選択バイアスが生じることは考えにくく、受診者のデータが母集団の感覚障害の割合をほぼ反映している」と仮定している。

そして結論として「これらの結果から、長島地区で、四肢または全身性または口周囲に表在感覚障害を認めた場合、その原因がメチル水銀曝露である確率は非常に高く、長島地区における健康被害の広がりはこれまでの救済対象地域に準ずるということができる」としている。

不知火海沿岸総汚染の実態

これまで沿岸四地区について調査結果を述べてきた。

これは鹿児島大学によって一度は「島には水俣病患者はひとりもいない」とされた桂島をはじめ、救済対象地域対岸の上天草市・姫戸地区、対岸にありながら間に御所浦、獅子島を挟む天草市・倉岳町、さらには水俣市から最も遠く離れた鹿児島県長島町の四地域である。これらの地域が多少の変異はあっても、汚染がない対照地域と比較して、自覚症状、臨床症状に有意の差異が認められた。この四地域はほぼ不知火海の周囲を囲んでおり、不知火海全域沿岸住民の実態を表しているものと考えられる。

我々は「不知火海全域の汚染」をやみくもに主張しているのではない。このような科学的な根拠に基づいた主張である。これらの調査を、身銭を切ってやり遂げた結果を主張しているのである。

　さらに沿岸住民の一〇〇〇人規模の検診を三回にわたって実施してきた。これは全国の医療機関・医師や看護師等スタッフの自主的な参加によるものであった。その人数は述べ数百人にのぼる。被害者側は、全国の支援してくれる人々に依拠しながら、自ら不知火海沿岸住民の総汚染ともいえる実態を、我が身をもって証明してきた。これは本来、国や熊本・鹿児島県がその当然の責務としてしなければならない事業である。行政による沿岸住民の健康調査が適切に行われるならば、救済は十分行うことができた。しかし、それはいまだに実現していない。

　これに対し加害者側は、裁判をはじめとするあらゆる場で、学者・専門家なるものを動員しての反論でこたえた。しかし、それらの学者がいずれも不知火海沿岸において被害者を目の前において診察したこともなければ、足を運んだことさえないものも多い。もっぱら学会の権威や肩書によって、いわば目くらましをしているに過ぎない。被害者自らが、勇気を振り絞って苦しい実情を発言し続けている現在、我々は加害者の目くらましに騙されるわけにはいかない。

　それは司法においても逃れるわけにはいかないはずである。このところ続いた水俣病罹患に関する司法判断が、加害者側が仕掛けたメカニズム論の罠に陥ってしまったと感じる。世の争いを解決すべき司法の役割から推し量るに、「もっと実態を見よ」と叫びたい。

　不知火海沿岸住民の多くは、現金収入に乏しく、食生活においても、とりあえず現金不要の魚介類に頼るしかなかった。漁師であるかどうかではない。漁師でなくても魚を採った。採らなくても分け合っていた。子どもでも漁を手伝えば駄賃として魚を分け与えた。それが沿岸住民の日常だった。

熊本地裁での裁判

学者・専門家なるものがいかに「そんなに食べるはずがない」と言っても、それが現実であるし、現地に入って聞き取りをすればすぐに解ることである。「日本人の平均魚介類摂取量は……」とのたまう必要は全くない。現地に行けばいいだけのことだ。住民に話を聞けばいいだけのことだ。

そして、それらの人々が四肢の感覚障害をはじめとする水俣病に現れる症状を発している。それをほかの病名をつけて説明する必要はない。もっとも疑わしい原因は、チッソによるメチル水銀を中心とした汚染によるものと考えるのが正常な判断である。当然、沿岸住民にも他の多彩な疾病は併存する。それは言うまでもない。しかし、それをもって水俣病ではないと説明してしまうのは、別の意図を感じざるを得ない。素直に最も疑わしいものを疑えばいいだけのことである。

これまで不知火海沿岸四地区の悉皆調査（有病率調査）を実施してきた。それによって明らかになったことは、汚染がないとされる対照地区住民と比べて大きな健康状態の偏りが認められることである。その原因は、先ほども指摘したようにチッソの廃水によるメチル水銀の影響を最初に疑うべきである。

被告側証人は異口同音に類似疾患との鑑別診断がなければ確定診断が出来ないと主張する。それも地域多発性のないシャルコー・マリー・トゥース病（ＣＭＴ）やギランバレー症候群等を持ち出している。それでも説明がつかない時は心因性としてしまう。もし仮に、これらの疾患が不知火海沿岸に多発しているとなれば、これは別の意味で重大事態である。

それよりすなおにメチル水銀の影響を疑う方がはるかに正解に近い。我々は、対照地区と明らかな健康の偏りこそメチル水銀中毒症と考える。すなわちこれこそが水俣病である。慢性微量汚染による水俣病である。もちろん典型的な症状を持つ水俣病患者を否定するものではない。影響の程度の差であり、症状としての現れ方の差である。

注意しなければならないのは、症状として現れている差がそのまま被害の差ではないことである。病気としての症状が軽くても日常生活に大きな支障をもたらす場合が少なくないからである。

おわりに

最後に、水俣病の原因物質がメチル水銀とされていることについて若干述べてみたい。水俣病は、チッソ水俣工場から排出された有機水銀が魚介類を通じた食物連鎖によって蓄積され、それを摂取した人間に疾病を引き起こした、と定義されている。それはそれとしながら、チッソが排出したのは水銀に限らない。原因究明の段階で、意図的に流された「爆薬説」「アミン説」はともかく、タリウム

イリコ干しの風景

説やセレン説などが浮上した。これらは、それ単独で中毒を起こしかねないほどの濃度を持っていた。だから人に到達した毒物はこれらを含めた総合的な汚染物質のはずである。メチル水銀だけが抽出されて食物連鎖の輪に入ったのではない。

そのことから考えると実態はもっと複雑になる。ハンター・ラッセルのようなメチル水銀の中毒症状から導き出されるほど単純なものではない。従って、症状も複雑になるはずである。それを解き明かすには、現地において住民の健康実態から出発するしか方法はない。

いずれにしろ国・県の行政はその責任において、沿岸住民の健康実態を把握することが求められる。それには先に述べたように、新たに検査手法を講じる必要はない。被害者の側がすでに実施したように、臨床的には通常の神経所見を診ればいいだけのことだ。それしかやりようはないはずだ。行政は、出来ることをいろんな屁理屈をつけてやっていないだけのことである。被害者側が、沿岸住民の健康調査を繰り返し要請しているのはそのような理由からである。

最後に指摘しておきたいのは、国水研（国立水俣病総合研究センター）等において治療の研究が乏しいことだ。患者は当然のことながら治癒することを期待している。ところが現在も過去も行われてきたのは「水俣病」か「非水俣病」かを見極める研究であった。もっと言えばいかに非水俣病として合理的に「説明」できるかに終始した。住民はそんなことを望んではいないし、医学の本質からも外れているのではないか。環境省のいう「長期経過後の水俣病を科学的に見分ける手法の開発」などはまさに不要のものである。やるべきは治療法の開発であり、肩書の立派な先生たちの課題であるはずであろう。

被害者の訴え

①「私の体と人生を返してほしい」

原告　濱﨑エミ子（鹿児島県阿久根市）

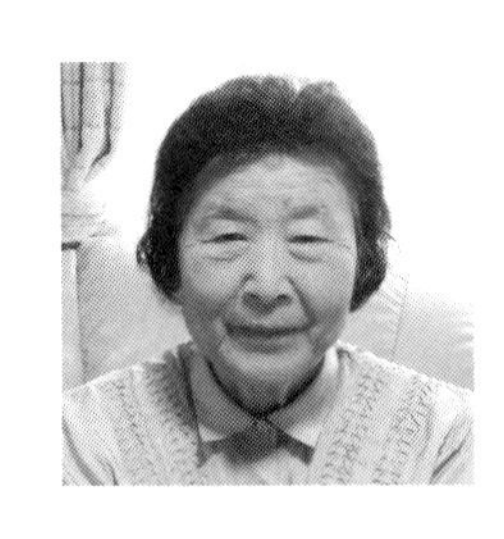

私は、昭和一六年に長崎市で生まれました。
戦争が終わった昭和二〇年に、母の故郷である鹿児島県阿久根市波留という地域に引っ越しました。
当時の波留は、八割ほどが漁師の地域で、私の親戚にも漁師がたくさんいました。この地域は皆家族みたいなもので、売りに出せない魚を分けあって食べていました。

昭和三〇年頃、魚が浜辺によく浮いていたので、「タモ」ですくい、食べました。

当時は、大変貧しく、魚を主食のようにして食べていました。

私は、昭和三二年に中学校を卒業し、岡山の紡績工場に就職しました。

私は、綿を機械で糸にするときに切れた糸をつなぐ作業をしました。私は、上手く手が使えず、糸を機械にまきつけてしまい、機械をよく止めていました。機械が止まると、いつも先輩がしかめっ面で機械の世話のために私の方にやってきて、私は怒られました。よくつまずき、運んでいる物を落としてしまうこともありました。


同期は責任ある仕事を任されていくのに、私は、より簡単な仕事に回され、後輩にも追い越されていきました。

私は仕事ができず、みんなから白い目で見られていたので、寮生活でも孤独でした。将来が見えず、寮から出て、外で泣いていました。

「こんな体ならいっそ死んだほうがいい」と考えたこともありましたが、生きていかなければならないので、歯を食いしばって頑張りました。

紡績工場にいた頃から、私は、両手、両足のこむらがえりが起こるようになりました。一度起こると夜は寝ることもできないくらい何時間も苦しみました。

手にこむらがえりが起きたり、手がふるえたりして、包丁を上手く使えず、調理に時間がかかってしまいます。茶碗や包丁をよく落として、危ない思いもしました。

私は、道を真っ直ぐに歩くことができないようです。人から注意されて初めて気がつきました。自転車に乗ることができません。若い頃に、三年ほど練習したのですが、結局乗ることができませんでした。からだが普通の人とは違うと思って、これまで、いろんな病院に行きましたが、どの病院でも「原因不明の病気」と言われ、十分な処置をしてくれるところはありませんでした。

そんなときは、夜寝るとき、この症状が、どんどん悪くなって、動けなくなり死んでしまうのではないかと不安になって、眠れなくなりました。

私は、昭和三八年に結婚しました。夫は鹿児島県阿久根市折口の出身で、結婚を機に、岡山から戻り折口で暮らしました。当時、夫は漁師をしていました。

私は、結婚後しばらくして、妊娠しましたが二度続けて流産しました。せっかく授かった我が子を立て続けに亡くし、私は絶望しました。

実家に帰っている私のもとに、仲人を通して離婚の話が持ち上がりました。

「仕事もよくできない、体もいうことをきかない二人が暮らし続けると、二人ともダメになるかもしれない」というのが理由でした。

そのとき、私は「自分の不器用さと体の弱さのせいだからしかたがない」と思いながらも悲しく、泣きました。母も泣き出しました。

それを見た夫が、「わかった。これが俺に与えられた人生と思って、お前たちの手足になって、命がけでお前たちを守ろう」と言ってくれました。

思いがけないその言葉がうれしくて、また泣きました。夫も仲人も泣いていました。夫のその一言が私を生かし続けてくれました。

その夫もまた、水俣病のために、たくさん悔しい思いも、苦しい思いもしてきた一人です。

私たちは、水俣病の症状も特別措置法の存在も知りませんでした。

原因不明の症状であることに、悩み苦しめられ続けてきました。水俣病でなかったら、夫婦の生活も人生そのものも大きく変わっていました。

チッソや国、熊本県には、私の身体と人生を返して欲しいです。

どうか私たちの苦しい人生が少しでも救われるよう、役所のみなさんには力を尽くして欲しいと思います。

※苦楽を共にされた濱﨑重雄さんは、二〇二二年九月六日亡くなりました。享年八六歳。

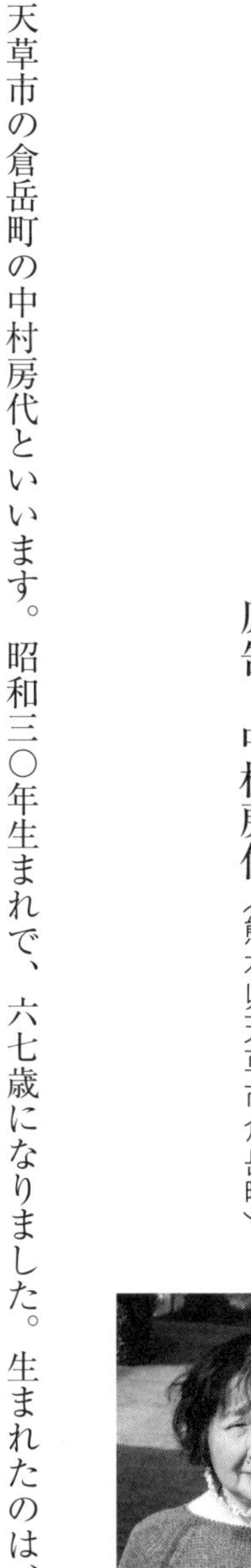

②「謝罪しない加害者を許さない」

原告　中村房代（熊本県天草市倉岳町）

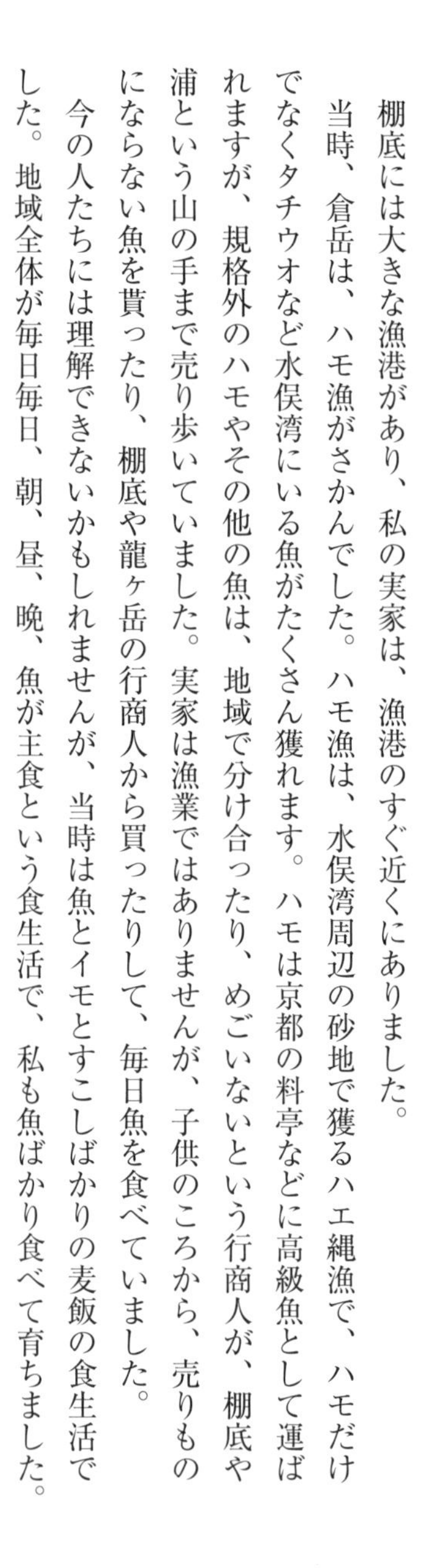

天草市の倉岳町の中村房代といいます。昭和三〇年生まれで、六七歳になりました。生まれたのは、倉岳町の棚底というところです。

棚底には大きな漁港があり、私の実家は、漁港のすぐ近くにありました。

当時、倉岳は、ハモ漁がさかんでした。ハモ漁は、水俣湾周辺の砂地で獲るハエ縄漁で、ハモだけでなくタチウオなど水俣湾にいる魚がたくさん獲れます。ハモは京都の料亭などに高級魚として運ばれますが、規格外のハモやその他の魚は、地域で分け合ったり、めごいないという行商人が、棚底や浦という山の手まで売り歩いていました。実家は漁業ではありませんが、子供のころから、売りものにならない魚を貰ったり、棚底や龍ヶ岳の行商人から買ったりして、毎日魚を食べていました。

今の人たちには理解できないかもしれませんが、当時は魚とイモとすこしばかりの麦飯の食生活でした。地域全体が毎日毎日、朝、昼、晩、魚が主食という食生活で、私も魚ばかり食べて育ちました。

二五歳で同じ倉岳町の宮田に嫁にいきました。夫婦で真珠養殖会社の仕事をしていました。三〇歳ころだったと思いますが、手や体の震えとともに、指がひきつるようになりました。真珠の仕事は、細かい作業をするのですが、手の震えと指のひきつりが強くなり、指の感覚も分からなくなることが多く、作業に手間取ったり、間違えたり、上司には怒られ、同僚には大変迷惑をかけたりしました。

その後、独立して、夫と真珠養殖をしているのですが、貝の掃除をするとき包丁を落としたり、貝に核をいれる作業の時に手先がしびれ、うまく作業ができなくなり、その作業は、パートを雇って行うことになり、収入も減ってしまいました。一粒の真珠を育てるには、核入れから貝の掃除、海水の点検など大変な作業が伴います。でも、きれいな真珠が獲れたときの喜びは何にも例えることはできません。きれいな真珠を子供のように一から育てることは私にとって生きがいでした。それが、いまは叶わなくなり、悲しくてしかたありません。

家事もうまくできません。

茶碗をよく落として割ってしまいます。

包丁も上手に使えず、落としてしまうこともよくあります。

こんな私ですから新婚のときから、姑から、「なんもできん嫁だ」と、毎日、毎日、小言を言われました。夫からも怒られていました。しかし、自分を責めるしかなく、夜中に一人で涙を流す、つらい日々を過ごしてきました。義理の兄からは、離婚を勧められ、本気で離婚を考えました。でも、子供の寝顔を見て、「こんなかわいい子に悲しい思いはさせられない」と思い、離婚を決断することはできませんでした。

この一〇年くらいは、体と手の震えが止まりません。主人から「大丈夫か」と心配されるほどの震えがあります。頸椎（けいつい）が悪いのではないかと言われ、検査もしましたが、「異常はなく、原因はよくわからない」といくつかの病院の先生に言われました。「原因がわからない」と言われるのが一番不安で、怖いです。これから先、もっとひどくなって動けなくなってしまうのではないかと夜は不安で眠れなくなるときがあります。

水俣病は、水俣の人たちの話だと思っていました。何も知らずに不知火海の魚を食べ続け、「仕事もろくにできない嫁」と言われても、「なんでこんな体に生まれたのだろうか」と親や自分自身を責め続けてきたのです。水俣病の特措法（とくそほう）が始まって、地域の人たちから水俣病の症状の話を聞くたびに、自分の症状と同じであることに驚きました。そして、主人と相談し、医師の診察を受けることにしました。その医師から「あなたには水俣病の症状がある」と言われたときは、本当にびっくりしました。

そこで、主人とともに特措法に申請をしました。主人は、公的な検診を受けて救済されたのですが、私は、公的な検診さえ受けることもできず切り捨てられてしまいました。

同じ棚底地域に住んでいた多くの人たちは救済されたのに、なんで私は検診さえ受けることもできず切り捨てられたのか、こんな差別は絶対におかしいと今でも怒りがこみあげてきます。

私が裁判をしていることに「裁判までしてそんなに金が欲しいのか」、「働いているのに水俣病なんかではない」などと陰口を言う人たちもいます。医師が水俣病と診断したのに、何で「ニセ患者」と陰口をたたかれなければならないのでしょうか。くやしくて、くやしくて、仕方ありません。

チッソや国や熊本県には、私の健康と人生を返してもらいたいと思います。できなければ、少なくとも謝って下さい。健康や人生を壊しておきながら、謝罪もしない加害者を私は決して許したくはありません。

私は三〇年以上も一人で苦しみ続けてきました。泣き続けてきました。私の周りにもこんな苦しみを抱えながら救済されない被害者がたくさんいます。どうか、私たちの苦しみに思いを寄せて下さい。

③「水俣病被害者が放置され苦しんでいる」

原告　橋口優子（鹿児島県天草市牛深町）

私は、天草市牛深町の橋口優子です。昭和二二年生まれで、七三歳になります。鹿児島県出水郡長島町に生まれました。当時、長島は阿久根市との間にかかる瀬戸大橋もなく、孤立した島でした。みんな貧しく、食べるものといったら、芋と魚ばかりの生活でした。両親は、農業を営んでおり、わずかばかりの田んぼと畑で生計を立てていました。

隣町の東町からくる行商人から買ったり、米と物々交換したりして、水俣湾や出水灘で取れた魚を毎日、毎日、食べて育ちました。

中学生のころから、手足がしびれるようになり、夜には、からすまがりが起きて眠れなくなることがよくありました。また、結婚前には、手先がうまく使えなくなり、平坦なところでもよくつまずくようになりました。このような症状がいつまでも続き、生活や仕事にいつも支障をきたしていました。

二一歳の時に、同じ島の東町に嫁ぎました。夫の家は、大きな農業を営んでおり、跡取りの嫁として農作業をすることになりました。

ところが、細いあぜ道をまっすぐ歩けず、何度も落ちてしまいます。鎌を握っても、落としたり、うまく使うことができません。手の震えで家事もうまくできないありさまに、「仕事ができない嫁だ」と姑から毎日、毎日、叱られ続けました。そんな夜は、くやしさと悲しさで涙があふれ、なんでこんな体に生まれてきたのだろうと親や自分を恨み続けました。

しかし、逃げ出すわけにもいかず、苦しくて心が折れそうになるたびに、こんな自分でも精一杯生きているんだと自分を奮い立たせる、そんな日々を過ごし続けました。

そんなつらい頃に、化粧品で書いた「平和な心、自分への許し」という落書きは、いまでもお守りとして大切に保管しています。つらく苦しい時には、そのはがきを取り出して、自分を励まし続けています。

こんなつらい生活が続きましたが、とうとう、いたたまれなくなり、夫に親との別居の相談をしました。すると、夫から「嫁は取り換えできるが、母は変えられない」と思いもしない言葉が返ってきました。その夜は、一晩中涙が止まりませんでした。そして、意を決して、一人娘を連れて、夫の家を出、天草牛深に移り住みました。

長島に住むいとこから、地域の人たちが水俣病で救済を受けていると知らされたのは、特別措置法が締め切られた五年後でした。そのいとこの紹介で、検診を受け、水俣病と診断されました。その時、なぜかほっとした気持ちになりました。それは、「あなたの症状の原因はわからない」と何人かの医師からいわれ続け、不安で不安で、しかたなかったからです。

今は、手の震えが止まらずペンや茶碗をいつも落としてしまいます。手すりを使わないと部屋でも自由に歩くこともできません。近所の人たちから、食事などに誘われても、上手に断り続けています。

私は、箸を使って食事ができません。スプーンで時間をかけて口に運んでいます。こんな、はずかしい姿をとても人に見せることなどできないからです。

毎日、長年通い続けた病院でリハビリをしています。通い始めて二代めの院長先生ですが、「橋口さん、申し訳ないが、あなたの症状の原因もわからないし、すぐ改善できるものでもない」と言われています。あまりのつらさに、ある宗教にすがったこともありましたが、何もかわることはありませんでした。

若いころから、自分の体を恨み続けてきました。離縁されたのもつらい思い出ですが、もっとつらかったのは、自分の子供たちに母親らしいことを何もしてあげることができなかったことです。手が震えるために、自分の生んだ子供を抱くことも、一緒にお風呂に入ってあげることもできませんでした。広場で遊ぶことも、洋服が破れても自分で繕ってやることさえできませんでした。その頃のことを思うたびに、母親として何もしてあげられなかった自分が情けなく、不自由な思いをさせて子供たちに申し訳なく、涙が出て止まらなくなります。

今思うと本当に苦しく、つらい人生でした。しかし、自分の苦しみの原因は親や自分のせいではなく、チッソが流し続けた有機水銀だとわかり、同じ苦しみを持つ人たちがたくさん残されていることも知りました。今は、その人たちと力を合わせて裁判を闘っています。私の苦しみを作り出したチッソと国と熊本県には、きちんと謝罪してもらわなければなりません。そして、私の苦しみの原因が水俣病だと認めてもらい、これまでの苦しみから解放されたいと思います。

みなさん、私たち水俣病の被害者たちは、こんな思いを、ひとり、胸にだきながら、泣きながら、いまだ救済されずに苦しんでいます。そんな人たちが、不知火海沿岸に取り残され、放置されていま す。こんなことが許されていいのでしょうか。

そのことをぜひ、ご理解いただき、私たちの闘いに温かいご支援をいただきますよう心からお願いします。

④「水俣病の苦しみは、手足をもぎ取られた苦しみです」

近畿訴訟原告　前田芳枝（鹿児島県阿久根市出身）

故郷では、魚は、おかずであり、おやつでした

私は、昭和二三年に、鹿児島県阿久根市の海から一キロくらいのところにある集落で生まれ、一五歳で就職のため大阪に出るまで、阿久根市で暮らしました。

子どもの頃、家で食べる魚は、阿久根市の黒之浜、高尾野町の江内や水俣市の袋辺りから来ていた行商人から買っていました。一〇歳からは、母が魚介類の行商を始め、売れ残ったものを持って帰って家で食べたり、子どもながらイワシの目刺しの加工の手伝いに行っていた会社で、小魚やイカ、カニなどをワタ（内臓）ごとごった煮にしたのをおやつ代わりに食べさせてもらったりしていました。今から考えると、そうやって食べていた魚の中に毒となる水銀が含まれていたのだと思います。

手足の障害で、字も書けず、まともに歩けません

一〇代の頃から、手がしびれる上に震えがあり、字がうまく書けませんでした。今も、手が震えて字が書けません。宅急便の送り状を書くだけでも本当にしんどいです。香典袋や自治会の回覧板の署名等も全て夫にしてもらってきました。冠婚葬祭の受付では、「右手をケガしているので」と嘘を言って、他の人に代わりに書いてもらいました。字が書けないことを隠すために人に嘘までつくことが情けなく、息苦しいくらいにつらいです。

足の感覚も鈍く、一〇代の頃から、段差のないところでよくつまずきました。三一歳頃には、歩いていても足の感覚がなく、ふわーと宙に浮いているような感じでふらつき、真っ直ぐ歩けないようになりました。自宅の近くに買い物に行くのに、何回も、ふらついて側溝に落ちました。

その頃は、立っているだけでもしんどく、満足に食事を作ることもできなくなっていました。夫が、単身赴任先から、毎週金曜日の晩に帰り、料理をしてくれ、次の水曜日までのおかずを作って単身赴任先に帰っていました。木、金曜日の分は私が全部作らねばなりません。当時小学生だった長男が、私のことを心配して、家で食べるおかずの足しにしようと、学校の給食のおかずを持ち帰ったり、他の子のおかずをもらって帰ってきたりしました。私にとっては、母親として、大変情けないことでした。亡くなった夫にも、本当に申し訳ないことをしました。

手足をもぎとられたのと同じような苦しみを味わっています

令和三年夏に東京でパラリンピックがありました。出場した選手は障害が目に見えます。私ら水俣病患者は、一見、普通の人と違わないけれど、実際は、手足をもぎとられたのと同じような苦しみを毎日味わっています。そのことを是非、裁判官に分かって欲しいです。

水俣病関連年表

西歴	和暦	月	できごと
1906	明治 39	1	野口遵、鹿児島県大口村に㈱曽木電気を創立
1908	明治 41	8	曽木電気と日本カーバイド商会を併合、日本窒素株式会社発足
1932	昭和 7	5	日窒水俣工場、アセトアルデヒド生産開始
1940	昭和 15		ハンター、ラッセル、ポンフォード、イギリスの工場労働者に 1937 年に発生した有機水銀中毒例を報告
1950	昭和 25		水俣湾沿岸で魚介類の大量死、ネコ、鶏、豚などの狂死続出。水俣病患者もこの前後から発生
1953	昭和 28	12	水俣病第 1 号患者発病（のちに判明）、茂道地区のネコ全滅
1956	昭和 31	5	チッソ付属病院の細川一院長らが水俣保健所に原因不明の病気を報告（水俣病公式確認）
1957	昭和 32	2	熊大水俣病研究班報告会「水俣湾内の漁獲禁止が必要」と結論
		3	水俣市保健所長が猫に水俣湾産の魚介類を与える実験を開始
		7	熊本県が水俣湾産の魚介類の販売禁止の方針を固める
		8	水俣病罹災者互助会発足
		9	厚生省、「食品衛生法の適用（漁獲・販売の禁止措置はできない）」と熊本県に回答。販売の禁止せず
1958	昭和 33	7	厚生省の厚生科学研究班、「水俣病の原因はチッソの廃棄物と推定される」との見解
		9	チッソ、排水路を百間港から水俣川河口に変更。そのため、汚染が不知火海一円に拡大
		12	水質二法（水質保全法、排水規制法）成立
1959	昭和 34	10	細川院長のネコ実験でネコが病気を発症
		11	不知火海沿岸の漁民が総決起集会を開く。工場の操業中止を求めて工場に押し入り警官隊と衝突 水俣食中毒部会、水俣病原因について有機水銀説を答申
		12	チッソ、患者家族と見舞金契約締結（責任と因果関係不明）
1961	昭和 36	8	胎児性水俣病を初めて認定（胎児性水俣病公式確認）
1963	昭和 38	2	熊大水俣病研究班、水俣病原因で正式発表「原因はメチル水銀化合物」
1964	昭和 39	5	水俣漁協、水俣湾内漁獲自主規制を解除
1965	昭和 40	5	新潟水俣病公式発見
		6	新潟水俣病第一次訴訟提訴
1968	昭和 43	5	チッソ水俣工場、アセトアルデヒド製造終了
		9	政府、水俣病を公害病と認定
1969	昭和 44	5	水俣病訴訟弁護団結成
		6	水俣病第一次訴訟提訴（被告、チッソ）
1970	昭和 45	5	県民会議医師団結成（団長：上妻四郎）
1971	昭和 46	7	環境庁発足
		8	環境庁「公害に係る健康被害の救済に関する特別措置法の認定について」を通知（旧環境事務次官通知）
		9	新潟水俣病第一次訴訟判決（原告勝訴）

(2)

西歴	和暦	月	できごと
1973	昭和 48	1	未認定患者がチッソに損害賠償を求め提訴（第二次訴訟）
		2	県民会議医師団、芦北町女島地区検診
		3	水俣病第一次訴訟判決（原告勝訴、チッソの責任が確定）
		5	水俣病被害者の会発足
		7	水俣病第一次訴訟判決にもとづきチッソと患者が補償協定締結（チッソが認定患者に1,600～1,800万円の補償金を支払うようになる） 県民会議医師団、芦北郡田浦町の掘り起こし検診（以後各地で実施）
1974	昭和 49	1	熊本県、水俣湾に仕切網設置 水俣診療所開設（後に水俣協立病院）
		8	水俣病要観察者治療研究事業施行
		12	被害者 406 名が認定の遅れは熊本県に責任があるとして提訴
1975	昭和 50	7	県民会議医師団、桂島検診開始
1976	昭和 51	10	県民会議医師団、桂島検診の対照地区の奄美大島西阿室地区検診
		12	認定の遅れは行政の怠慢であるとして、不作為違法確認行政訴訟は原告の勝訴で確定
1977	昭和 52	7	国、「昭和 52 年判断条件」を通知
1978	昭和 53	6	閣議でチッソに対する金融支援措置として熊本県債発行を了承
		7	環境庁、「水俣病の認定に係る業務の促進について」を通知（新環境事務次官通知）
		8	水俣病被害者の会、第 1 回水俣現地調査
		11	行政不服申請請求を却下された 4 名が棄却処分の取消行政訴訟を提訴
1979	昭和 54	3	水俣病第二次訴訟判決（熊本地裁、未認定患者を水俣病として認める）
1980	昭和 55	5	水俣病第三次訴訟提訴（チッソ・国・熊本県を被告として熊本地裁に提訴）
		3	「ニセ患者発言訴訟」判決。原告側勝訴
1982	昭和 57	6	新潟水俣病第二次訴訟提訴（国・昭和電工を被告として新潟地裁に提訴）
		10	水俣病関西訴訟提訴（チッソ・国・熊本県を被告として大阪地裁に提訴）
1984	昭和 59	5	東京訴訟提訴（東京周辺在住の患者。11 月には鹿児島県内在住患者も合流）
		8	第 7 回水俣現地調査で、水俣病被害者・弁護団全国連絡会議（水俣病全国連）結成。熊本、鹿児島、東京、新潟の被害者および弁護団
1985	昭和 60	8	水俣病第二次訴訟控訴審判決（福岡高裁、原告勝訴。チッソ上告せず確定。認定制度を厳しく批判）
		11	京都訴訟提訴（関西に移住した患者を原告とし、チッソ・国・熊本県を被告に京都地裁に提訴。水俣病全国連に参加）
1986	昭和 61	5	水俣病特別医療事業開始。四肢末梢に感覚障害がある認定申請棄却者を原因不明の疾患とするも、自己負担分の医療費を国、熊本県・鹿児島県が負担

西暦	和暦	月	できごと
1987	昭和 62	3	水俣病第三次訴訟第 1 陣判決（熊本地裁、チッソとともに史上初めて国と熊本県の責任を認める）
		8	第 9 回水俣現地調査、1,900 人の人間の鎖でチッソを包囲
		10	水俣病全国連、ニューヨークへ国連要請団を派遣
		11	水俣病被害者の会など、不知火海大検診に 1,088 人受診。587 人が水俣病、271 人が疑いと診断される
1988	昭和 63	2	福岡訴訟提訴（福岡など北部九州に移住した患者を原告としチッソ・国・熊本県を被告に福岡地裁に提訴。水俣病全国連に参加）
1989	平成元	9	全国連、熊本県と実務者協議開始
1990	平成 2	9	東京訴訟、東京地裁和解勧告。熊本県知事は勧告受諾を表明。その後、11 月までに熊本地裁、福岡高裁、福岡地裁、京都地裁で和解協議開始
1991	平成 3	7	水俣病全国連等、日比谷野外音楽堂 3,000 人集会。熊本県庁前 1,000 人集会
		10	水俣病全国連等、「霞ヶ関人間の鎖大行動」。3,000 人で環境省・厚生省・農水省を取り囲む
1992	平成 4	2	水俣病第三次訴訟福岡高裁。解決金について所見を出す
		3	水俣病問題全国実行委員会、「100 万人署名」取り組み開始
		2	東京訴訟判決（国・県の責任認めず）
		3	新潟二次訴訟判決（国の責任認めず）
		5	全国連、地球サミットに合わせブラジルへ代表団派遣。「100 万人署名」の一部提出 水俣病犠牲者慰霊式（24 年ぶりに水俣湾埋立地で開催）
		6	水俣病総合対策医療事業開始
		11	全国連、「100 万人署名」を国会に提出。ニューヨーク国連本部にも提出
1993	平成 5	1	水俣病第三次訴訟福岡高裁、それまでの和解協議を踏まえ和解案を提示 水俣市立水俣病資料館開館
		3	水俣病第三次訴訟 2 陣判決。熊本地裁、再び国・熊本県の責任を認める
		7	関西訴訟大阪地裁判決（国・県の責任認めず）
		11	水俣病京都訴訟判決（国・県・チッソに勝訴）
1994	平成 6	11	水俣病全国連、首相官邸前の座り込み行動を開始
1995	平成 7	9	政府解決案が患者団体に示され、10 日全国連受入れを表明。12 月閣議決定
1996	平成 8	5	水俣病全国連、チッソと協定書締結。全国連関係のすべての裁判所で、チッソとの和解・国・熊本県に対する提訴の取下等によって裁判上の紛争は終結
2001	平成 13	4	水俣病関西訴訟大阪高裁判決（国・県の責任認める）
2004	平成 16	10	水俣病関西訴訟最高裁判決（国・県の責任確定）
		11	熊本県、独自救済案と不知火海沿岸地域住民 47 万人の健康調査および環境調査を提案
2005	平成 17	2	水俣病不知火患者会結成（会長：大石利生）

(4)

西暦	和暦	月	できごと
2005	平成 17	10	新保健手帳（医療費のみ助成）申請受付を開始
			ノーモア・ミナマタ国賠等請求訴訟提訴（国・県・チッソを被告として 50 人。関東、近畿、新潟が続く）
		11	ノーモア・ミナマタ訴訟第 2 陣提訴（504 人）
		12	ノーモア・ミナマタ訴訟第 3 陣提訴
2006	平成 18	2	ノーモア・ミナマタ訴訟第 4 陣提訴（186 人）
			ノーモア・ミナマタ訴訟第 5 陣提訴（152 人）
		5	水俣病公式確認 50 年事業の水俣病犠牲者の慰霊式開催
		6	与党水俣病問題プロジェクトチーム「第二の政治決着」を示唆
			不知火患者会、「水俣病被害者救済における司法の役割」としてシンポジウム開催
		8	ノーモア・ミナマタ訴訟第 6 陣提訴（100 名）
			ミナマタ現地調査（「水俣現地調査」を引きつぐ）
		9	水俣病に係わる私的懇談会「水俣病問題は国家をあげて取り組むべき課題である」と提言
		11	ノーモア・ミナマタ訴訟第 7 陣提訴（42 名）
		12	与党水俣病プロジェクトチーム（与党 PT）座長に園田博之衆議院議員が就任
2007	平成 19	2	熊本・鹿児島・新潟の三県の認定申請者が 5,000 人に達する
			九弁連が「水俣病被害者放置は人権侵害」と国・県・チッソに警告
		3	熊本県認定審査会再開（2 年 7 ヶ月ぶり）
			ノーモア・ミナマタ訴訟第 8 陣提訴（120 名）
		4	環境省によるアンケート調査始まる（不知火患者会は中止を要請）
		5	水俣病犠牲者慰霊式
		8	ノーモア・ミナマタ訴訟第 9 陣提訴（110 名）
		9	近畿民医連、関西で掘り起こし検診。受診者 23 名中 17 名が水俣病と診断
		9	ノーモア・ミナマタ原告弁護団、熊本市で時効除斥を許さないシンポジウム開催
		10	保健手帳交付者が 1 万人を超える
			ノーモア・ミナマタ訴訟第 10 陣提訴（93 名）
			水俣病出水の会、水俣病被害者芦北の会が与党救済策を了承
			水俣病被害者互助会 9 名（胎児・小児世代）提訴
		11	チッソ後藤会長、与党 PT の新救済策受入れ拒否表明
		12	近畿民医連、集団検診（133 名の受診者内 102 名が水俣病と診断）
2008	平成 20	1	水俣病溝口訴訟判決（原告敗訴）
		3	ノーモア・ミナマタ訴訟第 11 陣提訴（29 名）
		4	蒲島郁夫熊本県知事就任
		5	水俣病不知火患者会、「水俣病の早期救済を訴える」日本全国縦断キャラバン出発（7 月まで）
		6	第 33 回全国公害被害者総行動（環境大臣、チッソ交渉）
			自民党水俣病小委員会、チッソ分社化の立法案を出す
			不知火患者会、被害者互助会など、チッソ分社化反対の共同声明

西暦	和暦	月	できごと
2008	平成 20	7	ノーモア・ミナマタ訴訟第 14 回口頭弁論（高岡滋医師主尋問。11 月に 2 回目、12 月に 3 回目）
		9	福田康夫総理辞任で麻生内閣発足
			不知火患者会・被害者互助会、医療事業「線引き」について熊本県に抗議
		11	ノーモア・ミナマタ訴訟第 12 陣提訴（49 名）
			水俣病認定申請者未処分が過去最高となる（6,438 名）
		12	与党 PT、救済の受入れを条件としてチッソ分社化を認める方針を固める
			熊本県議会、条件付でチッソ分社化を容認
			新保険手帳交付者、熊本・鹿児島・新潟 3 県で 2 万人を超える
2009	平成 21	1	後藤チッソ会長、与党救済策受入れに向けた協議に応じる意向を示す
			熊本・鹿児島両県知事、環境大臣に対して新救済策の早期実現を要請
			ノーモア・ミナマタ訴訟第 17 回口頭弁論（高岡証人反対尋問。7 月まで 4 回）
		2	熊本県認定審査会、1 年 7 ヶ月ぶりに再開
			ノーモア・ミナマタ近畿訴訟提訴（大阪地裁）
		3	ノーモア・ミナマタ訴訟第 13 陣提訴（108 名）
			与党 PT、チッソ分社化、公健法公害地域指定解除を盛り込んだ特別措置法案を了承
			水俣病被害者 11 団体、「特別措置法案」に反対する共同声明を出す
			与党が「水俣病に関する特別措置法案国会に提出
			水俣病被害者 11 団体、［分社化と地域指定解除反対」の一斉行動
			日弁連、「水俣病特別措置法案」に反対する会長声明
		4	ノーモア・ミナマタ訴訟第 14 陣提訴（57 名）
		5	水俣病犠牲者慰霊式
			ノーモア・ミナマタ訴訟第 15 陣提訴（39 名）
		6	ノーモア・ミナマタ新潟全被害者救済訴訟提訴（27 名）
			水俣病一次訴訟提訴 40 年記念集会「水俣病幕引き許さぬ」元原告・支援者
			不知火患者会、特別措置法阻止のため衆議院議員会館前にて座り込み開始
			ノーモア・ミナマタ訴訟第 16 陣提訴（65 名）
		7	水俣病特別措置法成立
		8	ノーモア・ミナマタ訴訟原告団、総決起集会（和解協議を求める決議）
			ノーモア・ミナマタ被害者・弁護団全国連絡会議結成
			ノーモア・ミナマタ訴訟第 17 陣 69 名提訴（原告数 1,909 名に）
		9	民主党鳩山由紀夫内閣発足

西暦	和暦	月	できごと
2009	平成 21	9	不知火海沿岸住民健康調査実行委員会（実行委員長原田正純熊本学園大学教授）、19 会場で検診。延べ検診者数:1,044 人（20 ～ 21 日）
		10	不知火海沿岸住民健康調査の結果について、受診者 974 人中、93% にあたる 904 人を水俣病または水俣病の疑いと発表。250 人は対象地域外の受診者。また、1969 年以降の出生者の 7 割に症状を確認する。
			新潟水俣病現地調査
			不知火患者会、環境省に全被害者救済を求める要求書提出
			ノーモア・ミナマタ訴訟第 18 陣 142 名提訴（原告 2,018 人に）
		11	ノーモア・ミナマタ訴訟口頭弁論、藤木素士県環境センター館長「69 年以降、水俣病を発症させるような汚染はなくなった」と証言
2010	平成 22	1	後藤チッソ会長、社内報年頭所感で「水俣病の桎梏からの解放」とし、分社化による事業会社の営業開始目標を 10 月との見解を示す。患者団体一斉反発
			ノーモアミナマタ訴訟原告団、新春総決起集会（解決勧告を求める決議）
			ノーモア・ミナマタ訴訟熊本地裁和解勧告。第 1 回和解協議
		2	ノーモア・ミナマタ東京訴訟提訴
		3	ノーモア・ミナマタ熊本訴訟和解協議（基本合意成立）後、東京、近畿、新潟も
			鳩山首相、裁判所の所見受入れを表明
			チッソ、和解所見の受入れを決定
			ノーモア・ミナマタ訴訟原告団総会。裁判所の和解所見の受入れを決定
			ノーモア・ミナマタ訴訟第 5 回和解協議（基本合意成立）
		4	不知火患者会、天草で集団検診。河浦町・姫戸町での受診者 132 名中 125 人に水俣病症状
			水俣病救済策閣議決定（水俣病被害者の救済及び水俣病問題の解決に関する特別措置法：水俣病特措法）
			ノーモア・ミナマタ訴訟第 20 陣 377 名提訴（原告 2,536 人に）
		5	水俣病犠牲者慰霊式。鳩山首相、歴代首相として初めて公式訪問し謝罪
			水俣病特措法による新救済措置の申請受付開始（1 日）
			基本合意に基づく第 1 回水俣病第三者委員会救済対象者判定開始
		6	特措法申請受付から 1 ヶ月、熊本、鹿児島両県で 18,458 名が申請
			第 35 回全国公害被害者総行動
			チッソ、分社化に向けて特定事業者指定を環境大臣に申請。水俣病被害者 7 団体、チッソの特定事業者申請に対する抗議行動
			不知火患者会、特措法に基づく医師要件の見直しを要請する要望書を熊本県に提出
			特措法に基づく第 1 回目の判定検討会
			上天草市議会が水俣病被害者救済について、国・熊本県による被害の実態調査及び上天草市の八代海沿岸を対象地域に指定することを求める意見書を採択

西暦	和暦	月	できごと
2010	平成 22	7	熊本県、新救済策について地区での説明会を開始
			環境省、チッソを水俣病救済法に基づき「特定事業者」に指定
			ノーモア・ミナマタ近畿訴訟和解勧告。9月には東京訴訟も
			水俣病認定検討会のメンバー鹿児島大学元学長の井形昭弘氏が77年度判断基準は妥当としながらも「感覚障害だけの水俣病はあり得る」と発言
		10	特措法に基づく一時金の支給開始
			ノーモア・ミナマタ近畿訴訟弁護団による現地調査（8･9両日、天草と水俣）
			ノーモア・ミナマタ新潟全被害者救済訴訟基本合意訴訟
		11	チッソ、松本環境相に対し事業再編計画の認可申請を提出
			第35回全国公害被害者総行動の第二弾政府交渉
			ノーモア・ミナマタ近畿及び東京訴訟で基本合意成立
		12	環境相、チッソ分社化を認可
2011	平成 23	1	チッソが事業会社「JNC株式会社」を設立
			被害者団体6団体、支援6団体がチッソ分社化に抗議する共同声明
			ノーモア・ミナマタ被害者・弁護団全国連絡会と全国支援連絡会が不知火海沿岸地域全域の健康調査の必要性を訴えるシンポジウムを開催（東京）
			日弁連、チッソ分社化で特措法の規定厳格運用を国に勧告
			日弁連、環境省にチッソ分社化の凍結を勧告
		2	大阪地裁、チッソから「JNC株式会社」への事業譲渡許可
		3	特措法申請者が4万人を超える
			チッソ、JNC株式会社に事業譲渡することを株主総会で決議
			ノーモア･ミナマタ新潟全被害者救済訴訟和解成立(原告数173名)
			東日本大震災発生（福島第一原子力発電所で事故発生）
			熊本県議会においてノーモア・ミナマタ訴訟の和解案可決
			ノーモア・ミナマタ訴訟、熊本・近畿・東京の三者合同による原告団総会開催。和解受諾決定
			ノーモア･ミナマタ訴訟､東京(原告数194名)･大阪(原告数306名)･熊本（原告数2,492名）和解成立
		4	チッソ、JNC株式会社に全事業を譲渡
		5	水俣病犠牲者慰霊式
			昭和電工会長がノーモア・ミナマタ新潟訴訟原告団に謝罪
			チッソ後藤会長退任を発表
		6	第36回全国公害被害者総行動
			日弁連、シンポジウム［水俣病特措法のあり方を考える―水俣病は終わらない―」開催
		7	水俣病不知火患者会、未認定患者70名が特措法による救済に集団申請
		8	ミナマタ現地調査（天草・水俣）

西暦	和暦	月	できごと
2011	平成 23	11	不知火患者会・水俣病全国連、環境省及びチッソと交渉（健康調査の実施と特措法申請期限の締め切りはしないこと）
		12	県民会議医師団、対象地域外の山間部で検診。95%が水俣病と診断
			水俣病特措法の申請受付期間に反対する 8 被害者団体が共同の抗議声明
			県民会議医師団ら、水俣病被害者救済法に基づく国の救済策で、対象外とされた天草地域で掘り起こし検診。全員に水俣病の症状
2012	平成 24	1	第 7 回水俣病事件研究交流会、高岡滋医師：山間部検診の報告など）
			不知火患者会及び民医連医師団、熊本・鹿児島・大阪・岡山で 400 人規模の集団検診
		2	熊本県・国、特別措置法の説明会を各地で開催開始
		4	不知火患者会、横光環境副大臣と面会。特措法に基づく救済申請期限の 7 月 31 日の撤回を要求
		5	水俣病犠牲者慰霊式。細野豪志環境相出席
		6	原田正純医師逝去
			不知火海沿岸住民健康調査実行委員会（藤野糺委員長）、熊本県、鹿児島県両県で集団検診。受診者 1,397 人のうち、1,216 人（87%）に水俣病の症状を確認。また、救済対象外年齢の 8 割に水俣病の症状
		7	水俣病不知火患者会及び支援者、特措法申請締め切り撤回を求め国会議員会館前で座り込み行動（第 1 波～ 3 波最終行動まで）
			熊本、鹿児島、新潟の 3 県、水俣病被害者救済特別措置法による申請を終了（31 日）
		11	特措法で非該当になった不知火患者会会員、県に異議申立（熊本・鹿児島で 168 人）後に県が却下
		12	自由民主党安倍晋三氏が 96 代目の首相に就任
2013	平成 25	6	ノーモア・ミナマタ第 2 次国賠等請求訴訟提訴（48 名、熊本地裁。以後、東京、近畿、新潟でも）
		8	ミナマタ現地調査（天草市新和町、津奈木町）
		9	ノーモア・ミナマタ第 2 次訴訟、第 1 回口頭弁論 ノーモア・ミナマタ第 2 次訴訟第 2 陣提訴（132 名）
		10	「水銀に関する水俣条約外交会議」開催（水俣市・熊本市）
		12	ノーモア・ミナマタ第 2 次訴訟第 3 陣提訴（145 名）（熊本地裁）
2014	平成 26	3	水俣病被害者互助会訴訟判決。原告 8 人中 3 人が水俣病と認定（双方控訴）
		4	ノーモア・ミナマタ第 2 次訴訟第 4 陣提訴（105 名）
		5	水俣病第三次訴訟、橋口三郎原告団長逝去
		6	超党派の国会議員による「水俣病被害者と歩む国会議員連絡会」が発足
		7	ノーモア・ミナマタ第 2 次訴訟第 5 陣提訴（115 名）
		8	ノーモア・ミナマタ第 2 次東京訴訟提訴（9 月に近畿訴訟提訴）
		9	ノーモア・ミナマタ第 2 次訴訟第 6 陣提訴（64 名）

西暦	和暦	月	できごと
2014	平成 26	11	水俣病大検診。天草市、水俣市、高尾野町で実施（不知火患者会・実行委員会主催）447 人が受診。97%の 434 人に感覚障害の症状。内 238 人は特措法による救済策の対象地域外
2015	平成 27	1	ノーモア・ミナマタ第 2 次訴訟第 7 陣提訴（132 名）
			不知火患者会新春総決起集会（津奈木町）
		2	「ノーモア・ミナマタ被害者・弁護団全国連絡会議」結成
			公害被害者総行動実行委員会、47 都道府県へのキャラバン開始
		4	ノーモア・ミナマタ第 2 次訴訟第 8 陣提訴（259 名）
		5	水俣病犠牲者慰霊式。環境大臣、患者 10 団体と意見交換会
			県民会議医師団、天草倉岳町で検診で住民の 3 割が水俣病症状
		6	不知火患者会、大阪市内で検診。37 名中 33 名が水俣病症状
		8	ミナマタ現地調査
		8	不知火患者会、特措法に基づく救済策での自治体毎の判定結果を県が公表したことを受け、詳細なデータの開示を求める
			熊本県の救済対象者の内、16%にあたる 3,761 人が同法の対象地域外から救済されたことが判明
		9	不知火患者会出水市で 2 日にわたり検診を実施。84 人（96%）に水俣病症状
		10	ノーモア・ミナマタ第 2 次訴訟第 9 陣提訴（155 名） 県民会議医師団ら、天草市河浦町宮野川内悉皆調査
		11	県民会議医師団ら、奄美・大和村で比較対照調査
		12	水俣病患者、市民団体による「水俣病公式確認実行委員会」発足
2016	平成 28	1	県民会議医師団、救済対象地域外の天草市河浦町の有病歴調査結果発表。健康調査を受けた 75%を超える人に水俣病特有の感覚障害があった
		2	「水銀に関する水俣条約の締結」閣議決定
			公式確認 60 年実行委、「水俣病事件 60 年を問うシンポジウム」（水俣市）
		4	熊本地震発生（震度 7 強）
			公式確認 60 年実行委、60 年を考えるつどい（水俣市）
		6	ノーモア・ミナマタ第 2 次訴訟第 10 陣提訴（68 名）
		8	井形昭弘元鹿児島大学学長逝去
			ミナマタ現地調査（津奈木町）
		10	県民会議医師団の検診記録約 1 万人データを朝日新聞と共同で分析
			県民会議医師団ら、上天草市姫戸町で悉皆調査
			水俣病犠牲者慰霊式（熊本地震で延期された）
		12	公式確認 60 年実行委、「水俣病 60 年～水俣病を問う～」院内集会（東京）
2017	平成 29	1	ノーモア・ミナマタ第 2 次訴訟第 16 回進行協議
		2	水俣病不知火患者会、水俣市で「全ての水俣病被害者の救済をめざし」1000 人集会開催

西歴	和暦	月	できごと
2017	平成29	2	ノーモア・ミナマタ第2次訴訟第19回口頭弁論、進行協議
		3	水俣病被害者・支援連絡会発足（被害者団体・市民グループなど計27団体）
			ノーモア・ミナマタ第2次訴訟11陣提訴（88名）
		4	ノーモア・ミナマタ第2次東京訴訟5陣提訴（9名）
			公式確認60年実行委、水俣病被害者の医療と介護の課題を考えるシンポジウム（水俣市）
			ノーモア・ミナマタ第2次近畿訴訟弁護団、阿久根現地調査
		5	水俣病犠牲者慰霊式
		7	水銀国際会議（米ロードアイランド、16～21日）。藤野・高岡医師参加
		8	第35回ミナマタ現地調査（1978年以来、8月最終週（土日）に実施）
		9	水銀に関する水俣条約締約国会議（ジュネーブ）、坂本しのぶさんスピーチ
		11	ノーモア・ミナマタ第2次訴訟熊本・近畿・東京弁護団、天草現地調査（18～19日）
			県民会議医師団ら、鹿児島県長島町悉皆調査
		12	熊本弁護団、倉岳町曝露調査
2018	平成30	1	ノーモア・ミナマタ第2次近畿訴訟9陣提訴
		2	水俣市長選、高岡利治氏当選
		3	水俣病不知火患者会、「感覚検査で出血」で鹿児島県に改善要請
		5	水俣病被害者・支援者連絡会、認定制度の課題を問う。患者・医師が報告（水俣市）
			水俣病犠牲者霊式（慰霊式後、チッソ後藤社長：被害者救済は終わっていると発言）
			『不知火の海にいのちを紡いで──すべての水俣病被害者救済と未来への責任』出版祝賀会（熊本市）
			ノーモア・ミナマタ第2次近畿訴訟、10陣提訴
		7	水俣病不知火患者会会長大石利生氏逝去（6日）
		8	第36回ミナマタ現地調査（鹿児島県出水市で決起集会）
		10	ノーモア・ミナマタ第2次訴訟口頭弁論。第1陣判決の先行を求める（熊本地裁）
		11	ノーモア・ミナマタ第2次訴訟熊本弁護団、牛深調査（11日～12日）
			ノーモア・ミナマタ第2次近畿訴訟10陣、11陣提訴
		12	ノーモア・ミナマタ第2次訴訟12陣提訴（181名）
2019	平成31	1	水俣病事件研究交流集会。患者認定を巡る国、県の対応。水銀の微量汚染健康被害など報告
			日本神経学会、国側の主張を追認する見解を国賠訴訟に証拠として提出されていたことが判明
			水俣病被害者・支援者連絡会、日本神経学会の見解について環境省に質問状提出
			ノーモア・ミナマタ第2次訴訟口頭弁論。原告側が日本神経学会の見解を批判

西歴	和暦	月	できごと
2019	令和元	1	ノーモア・ミナマタ被害者・弁護団全国連、日本神経学会に当学会の見解について公開質問状
		2	日本神経学会、「意見は神経学の定説に基づき作成されている」と回答
			第3回環境被害に関する国際フォーラム（熊本学園大学主催）
		3	「水俣川河口臨海部振興構想事業」を考えるシンポジウム（水俣病被害者・支援者連絡主催）
		4	熊本県、3年ぶりに70歳代男性1人を水俣病と認定
			公式確認63年､教訓と課題を考えるシンポジウム（水俣病被害者･支援連絡会主催）
		5	熊本県民主医療機関連合会、日本神経学会の「定説に基づく見解」に関し批判
			ノーモア・ミナマタ第2次熊本訴訟第28回弁論、裁判官交代にともない更新弁論
		6	全国公害被害者総行動
		7	水俣市議会、「公害環境対策特別委員会」の名称を公害を外し「環境対策特別委」に変更
			水俣病被害者・支援連絡会、名称変更に抗議
		8	チッソ､子会社「サン･エレクトロニクス」工場の閉鎖を発表（2020年3月閉鎖）
			第37回ミナマタ現地調査（実行委員会主催：水俣市・出水市）
		9	特措法一時金給付対象者の居住地が明らかになる。対象地域の線引きに根拠がないことが判明
		10	水俣病犠牲者慰霊式（水俣親水緑地）
		11	「水銀に関する水俣条約」第3回締約国会議（スイス･ジュネーブ）
		12	ノーモア・ミナマタ第2次熊本訴訟第30回弁論。第13陣77名追加提訴
2020	令和2	1	ノーモア・ミナマタ第2次熊本訴訟第31回弁論。髙岡滋医師、共通診断書の正当性主張
		2	チッソ子会社閉鎖問題を考えるシンポジウム（主催：NPO法人くまもと地域自治体研究所）
			板井優弁護士逝去（11日）
		3	被害者互助会訴訟控訴審判決（胎児・幼児世代原告)。8人全員敗訴（福岡高裁）、原告が上告
		5	チッソ4年連続赤字。2020年3期連結決算発表。政府、チッソに業績改善要請
		7	水俣病慰霊式実行委員会、新型コロナ感染拡大にともない初の慰霊式中止決定
			ノーモア・ミナマタ第2次近畿訴訟第22回弁論。髙岡滋医師証人尋問
			ノーモア・ミナマタ第2次熊本訴訟第32回弁論。髙岡滋医師に対する反対尋問
		8	全国公害被害者総行動。不知火患者会、環境相に被害者救済オンラインで訴え

西暦	和暦	月	できごと
2020	令和2	9	環境相、水俣病患者の客観的診断方法について1～2年を目処に検討を行うと表明
			ノーモア・ミナマタ第2次熊本訴訟、岡山大学津田敏秀教授証人尋問
			菅義偉内閣発足
			不知火患者会総会。会長に岩﨑明男氏選出
		10	水俣病被害者・支援連絡会、八代海沿岸・新潟県阿賀野川流域住民に対する早期の健康調査を求める声明発表。小泉大臣に対し質問状を送付
			ノーモア・ミナマタ第2次熊本訴訟弁論・進行協議。被告側濱田陸三証人尋問
		12	ノーモア・ミナマタ第2次熊本訴訟弁論。被告側中村好一医師証人尋問
			ノーモア・ミナマタ第2次熊本訴訟弁論。原告側証人、津田敏秀証人尋問
2021	令和3	2	ノーモア・ミナマタ第2次熊本訴訟原告団、審理促進を求める300団体分の団体署名を熊本地裁に提出（その後も継続総計1,826団体）
		4	水俣市・実行委員会、5月1日の慰霊式を中止と発表
		5	水俣病被害者・支援者連絡会、国、環境大臣、熊本･鹿児島県知事、チッソに対し［公式確認65年目の水俣病共同要求書］提出
			水俣病被害者・支援連絡会、「水俣病と共に歩む国会議員連絡会」とオンライン集会開催
		6	チッソ、事業子会社JNCを含む国内グループ20社で、希望退職者120名（従業員の約5%）を募集と発表。1906年創業以来初めて
			チッソ、事業会社JNCグループ所有の水力発電所「白川発電所」を総合リース会社に譲渡する売却契約を結んだと発表
		7	長編映画「水俣曼荼羅」水俣市で試写会
			ノーモア・ミナマタ第2次熊本訴訟、37回口頭弁論。裁判官交代に伴い原告被告双方がプレゼン
		8	第38回ミナマタ現地調査（オンライン開催・水俣市）
		9	ノーモア・ミナマタ全国連、水俣病早期救済へネット署名開始
			映画「MINAMATA」水俣で先行上映
			色川大吉氏逝去（東京経済大学名誉教授）
		10	岸田文雄新内閣が発足
			水俣病被害者・支援者連絡会連続講座、除本理史氏によるチッソの患者補償について
			水俣病不知火患者会、次期衆議院選候補者アンケート調査。全党が「水俣病対策必要」
		11	ノーモア・ミナマタ原告弁護団、環境省及びチッソに審理計画の受入れを訴え（東京）
		12	水俣病認定義務付け訴訟（互助会訴訟）結審（熊本地裁）
			国水研、脳磁計を用いる「客観的診断方法」開発状況の報告会開催

西暦	和暦	月	できごと
2021	令和3	12	ノーモア・ミナマタ第2次熊本訴訟進行協議。1・2陣につき23年度中に結審と原告・被告合意
			「水俣・写真家の眼プロジェクト」トークショー（水俣市）
2022	令和4	1	水俣病事件研究交流会。高岡滋医師ら、水銀が及ぼす神経認知機能への影響等報告
		2	水俣市長選挙。高岡利治氏再選
			ノーモア・ミナマタ第2次熊本訴訟口頭弁論。藤野糺、積豪英両医師の本人尋問
		3	水俣病不知火患者会・新潟阿賀野患者会、公正判決を求める署名2万人分を大阪地裁に提出
			水俣病国賠訴訟上告審（互助会の未認定患者8人)、上告棄却で未認定確定
			水俣病被害者・支援者連絡会連続講座。上告棄却に抗議声明
			水俣病不知火患者会総決起集会、訴訟大詰め救済へ団結（出水市マルマエホール）
			水俣病認定義務付け訴訟判決。7人全員敗訴（熊本地裁）
		4	水俣病被害者・支援者連絡会、「水俣病被害者とともに歩む国会議員連絡会」と懇談
			「9人の写真家が見た水俣」写真展（熊本市・5月に2回目）
		5	水俣病被害者・支援者連絡会、公式確認66年シンポジウム。高岡医師ら報告（水俣市）
			水俣病犠牲者慰霊式（規模縮小で開催）
			ノーモア・ミナマタ第2次熊本訴訟口頭弁論。藤野糺、積豪英両医師に対する被告側反対尋問
		6	第47回公害被害者総行動。健康調査、早期救済を求める
			ノーモア・ミナマタ第2次熊本訴訟、原告側高岡滋医師の主尋問及び反対尋問
			原発避難者集団訴訟最高裁判決。国の責任認めず（最高裁）
			ノーモア・ミナマタ第2次熊本訴訟、13陣提訴（57名）
		7	原発事故株主訴訟、津波対策の先送り認定。東電旧経営陣13兆円賠償命令（東京地裁）
			水俣病被害者・支援者連絡会、山口環境相に住民健康調査の実施を申入（オンライン懇談）
		8	ノーモア・ミナマタ第2次熊本訴訟、被告側申請水澤英洋医師の主尋問及び反対尋問
			第39回ミナマタ現地調査（オンライン集会・水俣市）
		9	ノーモア・ミナマタ第2次熊本訴訟、被告側申請高昌星医師の主尋問及び反対尋問
			ノーモア・ミナマタ第2次近畿訴訟、現地進行協議。大阪地裁裁判官、不知火海沿岸視察 チッソ水俣病患者連盟委員長松崎忠男氏逝去
		10	ノーモア・ミナマタ第2次熊本訴訟、44回口頭弁論。原告本人主尋問及び反対尋問
			水俣病互助会会長、上村好男氏逝去

著者　北岡秀郎
水保病不知火患者会

連絡先　水俣病不知火患者会　水俣事務所
〒 867-0045　熊本県水俣市桜井町２丁目２－20
TEL　0966-62-7502

表紙写真　西田純夫

終わらない水俣病——すべての被害者の救済を目指して

2022 年 11 月 20 日　初版第 1 刷発行

著者————北岡秀郎／水俣病不知火患者会
発行者———平田　勝
発行————花伝社
発売————共栄書房
〒 101-0065　東京都千代田区西神田 2-5-11 出版輸送ビル 2F
電話　03-3263-3813
FAX　03-3239-8272
E-mail　info@kadensha.net
URL　http://www.kadensha.net
振替　00140-6-59661
装幀————佐々木正見
印刷・製本——中央精版印刷株式会社

ISBN978-4-7634-2035-0　C0036